not only passion

not only passion

酒途的告白

環遊世界酒單

Keep on Drinking

黃　麗如
Lily Huang

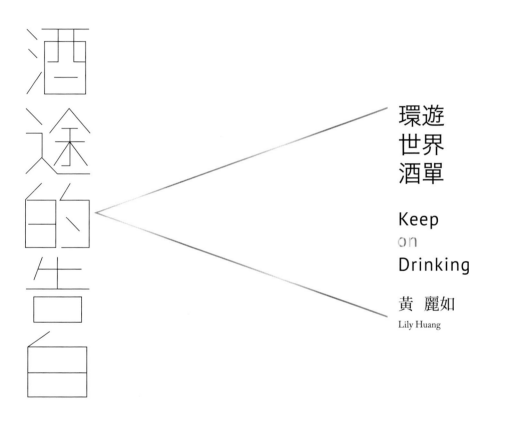

dala food 004

酒途的告白

環遊世界酒單 Keep on Drinking

大辣

作者：黃麗如

編輯：洪雅雯

企宣：張敏慧

美術設計：楊啟巽工作室

篇章手寫字：吳幸雯

總編輯：黃健和

法律顧問：全理法律事務所董安丹律師

出版：大辣出版股份有限公司

　　　台北市105南京東路四段25號11F

　　　www.dalapub.com

　　　Tel：（02）2718-2698　Fax：（02）2514-8670

　　　service@dalapub.com

發行：大塊文化出版股份有限公司

　　　台北市105南京東路四段25號11F

　　　www.locuspublishing.com

　　　Tel：（02）8712-3898　Fax：（02）8712-3897

　　　讀者服務專線：0800-006689

　　　郵撥帳號：18955675

　　　戶名：大塊文化出版股份有限公司

　　　locus@locuspublishing.com

台灣地區總經銷：大和書報圖書股份有限公司

　　　地址：242新北市新莊區五工五路2號

　　　Tel：（02）8990-2588　Fax：（02）2990-1658

　　　製版：瑞豐實業股份有限公司

　　　初版一刷：2014年7月

　　　定價：新台幣 380 元

ISBN 978-986-6634-43-7

Printed in Taiwan

酒途的告白：環遊世界酒單／黃麗如作; --初版.-- 臺北市：大辣出版：大塊文化發行，2014.07 面：
公分.-- ISBN 978-986-6634-43-7（平裝）1.飲食 2.酒 3.文集　427/103012211

酒肉朋友的旅行

黃健和｜大辣出版總編輯／單車騎士

1.

黑暗中醒來，不知人在何處。

定了定神，是在飛機上，飛往歐洲參加書展的行程。人總是在起飛前，便進入昏睡狀態；而在飛機到達高空平穩航行時，又自主地醒來。

看書吧！離吃飛機餐，還有段時間。對了，還得看麗如的書稿《酒途的告白》。翻了幾頁，覺得少了點什麼，起身去飛機的茶水間，跟空中小姐，要了杯Whisky on rock，再加幾包花生。

是的，這樣就對了，可以安心地進入書裡的酒精之旅……

2.

麗如是酒肉朋友，那種只有在吃飯喝酒時，我們才會碰面的友人；更多時候，是在報紙／臉書上發現她的行蹤。常常是那些冷門生僻的旅行點：伊朗、波札那、祕魯、愛爾蘭、巴西……那些你年輕時，會列入你一輩子會去走訪的名單；但這些地方，常不在每年的年度旅行規劃時，排進前三順位。隨著年紀增長，你開始認真思量，有些地方你可能這輩子真的去不成了。這時，看著麗如的旅行報導／臉書圖片，及字裡行間透露出來的巷弄氣味，及偶而釋放的微醺資訊；這些地方，似乎也不太遠了。

最簡單的方式，是你開始買些不常喝的酒，比如Jameson Whisky，在讀著麗如的愛爾蘭文字時，你就挺開心，家裡的小酒櫃裡，有著這麼一瓶。倒上一杯，或許再加上些許熱水，就彷彿行走在都柏林濕寒的夜裡……

3.

什麼時候開始？在旅行的路上，酒精成了重點所在？

日子裡的微醺畫面，開始在腦海浮現，慢慢倒轉：有時是單車騎過法國香檳區，緩丘葡萄田間偶而出現的Café，坐進去時，當然只想點瓶香檳止渴。有時是雲南虎跳峽步行，在峭壁小路間俯看金沙江的急流浪花及漩渦緩

水，抵達山中客棧時，儘管天仍亮，你也只想連喝瓶大理啤酒壓壓驚。

1992年，初次走訪紐約，友人交待無論如何得找張北海喝一杯。可以嗎？這老兄的文章看了多年，但素昧平生，可以就這麼電話一通相約？

「是Lear的朋友，她有跟我提過你們會來，那就這周四傍晚五點約在聯合國大廈前見。」電話那頭，是張北海脆爽的聲音。

「喝酒嗎？認識一個城市最快的方式，其實是從它的酒吧開始⋯⋯」

「這間酒吧，是聯合國工作人員及紐約時報記者，最愛來的地方；下班後，一杯白牌威士忌，才算是夜晚的開始。」

「我們今天先喝三家吧！晚點再去Philippe Stark設計的Paramount Hotel的酒吧喝一杯⋯⋯」

那一年的紐約印象，充滿了大量的啤酒及威士忌；想起來，仍讓人微笑。

4.

麗如因報導工作的緣故，多是在路上，甚少在台北現身。最常聚會的狀態，是她又從某處旅行歸來，回到她景美住處；友人們紛紛自動在她家的「黃氣球酒吧」報到。除了聽她路上的故事外，也常有機會喝到她在路上買回來的「神之水」。通常，不會是什麼太貴的酒，反而會是如同紅露酒／二鍋頭般那些最便宜最庶民的酒。

那是巴西的甘蔗酒，是捷克的藥酒，是伊朗的玫瑰水⋯⋯無須喝多，常是一小杯，即可傳出奇特香氣；偶而女主人，會以當地人的粗獷方式調酒：異國景像／探險故事／神聖之水，就這麼原汁原味的重現。

味覺記憶與微醺心情，恰如其分的完美結合。

5.

與酒肉朋友一塊兒旅行，是不是個好主意？

1998年，旅居法國土魯斯。兩對酒友四人來訪，決定一塊走訪波爾多左岸。

租了一輛大車，可坐下六人；另也先預定了一家名莊：Chateau Margaux。

在逛了幾天酒莊後，發現這種以酒之名的旅行會有幾種特點：

一是大伙兒起床甚晚，在昨夜的酒精澆淋下，睡到自然醒時，常是近午。

二是每天要出門時，總得猜拳；輸的人當司機，滿臉哀怨地要維持這一天

的清醒，好讓另五位友人安心品酒。

三是品酒的優雅維持甚短，除了幾家名莊稍保持風度細細品嚐外；其餘時刻只是決定買的數量，這支三瓶，那支半打……（反正已租了車，而每天晚上都要喝）

四是全天基本上是以不同酒款來區分時段：午間常野餐，搭配白葡萄酒；略近傍晚，則會有人提議，要不要喝個啤酒解渴；晚餐及飯後則是紅酒時刻，六個人倒一輪就是一瓶，會有人要不停地開酒；而自己的記憶，常維持到有人喊：Armagnac！那是記憶中自己的熄燈號！

這種旅行好不好玩？好玩得不得了，但，要趁早！

6.

為什麼會喜歡喝酒？其實沒問過麗如。

但認識的幾位記者朋友，似乎都有好酒量；而酒，也是他們習慣與人親近的方式。記憶裡的清芳，總可以快速的與周遭鄰里連成一氣：是瑞芳街頭牛肉攤的熟稔，是香港灣仔與酒吧看門小弟的招呼，是巴黎巴士底地下道裡與流浪漢的相互舉杯。他的鏡頭下，清醒準確與微醺模糊，人物均時光凝聚自成風景。

麗如亦是如此，旅行時的景色／歷史，總不免語帶嘲弄。只有在酒精入喉，與在地人得以靜靜相對時，那些壓抑的溫柔方緩緩釋出。到緬甸仰光時，會記得走進Strand Bar，在百年風華裡一口口喝下啤酒。而土耳其男人的茴香酒氣，竟是千年沉重裡的一絲清醒。

而她筆下里約熱內盧的一杯杯Caipirinha，是要讓人迷醉，忘記這城市的貧困差距；或是讓人雀躍，好進入這城市的嘉年華！

7.

不太確定這幾年的單車熱／馬拉松風潮所為何來？對自己而言，只有一個主要的理由：運動，是為了可以安心的喝酒。

時而清醒，時而微醺，是人生的常態，也是世界運轉的模樣。

對酒肉朋友，總是心存感激。

他／她們，總帶來一趟趟美好的旅行。

Contents

3 暢飲

4 不省人事

1

想醉

伊朗 Iran

一路喝下去

請給我不含
酒精的酒

越是沒有、益發想念。沒啤酒喝就喝沒有酒精的啤酒，沒有紅酒就喝玫瑰水，在伊朗我深刻體會到望梅止渴的道理。

搭著滿漢航空（Mahan Air）前往伊朗首都德黑蘭，由於伊朗受到經濟制裁、無法購得新飛機，飛機的機艙內破舊又昏暗，塞滿了蓄著鬍子的伊朗男人，他們眼睛睜得大大的，看著飛機上少數的亞洲女生。我的座椅有點鬆滑，只要往後稍微傾斜，椅墊就會鬆脫、不慎安穩。鬆鬆的椅墊，讓人不安的聯想起，萬一飛機怎麼了，屁股下這一塊應該就是具有救生圈功能的浮板吧！機艙很擠、很悶、沒有自己的小電視；打開書想閱讀，但我座位上的那枚燈泡剛好就是壞掉的。

被夾在兩個蓄鬍男人之間的我，悶得發慌，只想來一杯，把自己灌暈、昏睡到伊朗。眼巴巴等著可以切換機上心情的餐車，但空姐的餐車很緩慢很緩慢才推到我身旁，發完便當後，便自動的幫我放一杯水。我問：「有紅酒嗎？」她笑笑的搖頭。我又問：「那有威士忌嗎？」她搖著頭說：「對不起，我們不供應酒精性飲料。」就這樣很清醒又很疲憊的抵達德黑蘭，開始很清醒卻很迷茫的伊朗旅程。

沒有酒精的阿拉國度

根據《可蘭經》的教義，穆斯林是禁酒的，儘管蒸餾釀酒的技術起源於阿拉伯人，但為了遵從嚴苛的律法，他們多半要放棄這天賦異秉的技術。不過由於每個國家的國情的不同，中東國家不見得都找不到酒喝，像在杜拜，幾乎你想喝的酒品，都有辦法找到，在杜拜工作多年的旅館經理就曾經跟我說：「在杜拜沒有找不到的東西、喝不到的酒，只要有錢什麼東西都找得到。」而相對開放的土耳其也不會感受到穆斯林世界嚴格的禁酒令，茴香酒、啤酒都在日常生活扮演重要的角色。

但政治、經濟、文化、宗教都獨樹一格的伊朗，雖然在中東，卻跟周邊國家不太一樣，他們堅持走出自己的路、堅持做美國永遠的敵人、堅守《可蘭經》的教義，所以當我搭上他們國籍航空的滿漢航空、從德黑蘭跳上巴士周遊一圈，酒精從菜單、便利商店貨架上消失，逼著自己要異常清醒的

Delster是伊朗大受歡迎的啤酒，但無
酒精，喝起來有甜甜的麥汁味。

去看、去感覺這個國度。

別以為少了酒精真的會看世界看得比較清楚，在男人睜大眼睛望著你瞧、女人包頭包身體但眼睛卻異常巨大的盯著外來者看，一雙雙大大的眼睛所投射出的卻是讓人困惑的眼光。我不知要怎麼跟他們相處、怎麼交朋友？儘管逛著漂亮的波斯花園時，總有女學生新奇的攬著我要我跟他們合照；儘管在車流熙熙攘攘難以橫越的德黑蘭街頭，有善良的男生禮貌的拉著我的袖口、穿越像洪水般的車流到馬路的另一頭，但我們總是無法再深一步的交流。

對中東充滿敵意和恐懼的人多半會抹黑伊朗，美國甚至把伊朗視為邪惡的軸心，然而我在這裏旅行兩個禮拜，卻沒有感受到任何的恐怖、危險，反而是單純的善意，那是屬於阿巴斯電影裏的單純世界。就算是深夜裏的德黑蘭，也不會讓人感到不安，市區入夜十一點，旅館外頭仍是大批的男男女女在外頭晃著，全身罩著黑袍的女人在黑夜裏移動，更顯得迷幻。電影院、購物中心、商店街塞滿了人，到了半夜也不見得有散場的感覺，沒有酒精的國度讓人一直在夜裏闖蕩，直到夜色醉人為止。

啤酒的替代酒

其實翻看波斯時代的細密畫，畫中的宮殿饗宴裏，是有酒的，細長的瓶子裏有著紅色的液體，桌了旁的人物個個酩然躺臥……但這樣的情境是無法公開的出現在當下伊朗裏。喝不到酒，我的佐餐飲料只好選擇甜膩zam zam可樂（此為伊朗對抗美帝可口可樂、百事可樂的神物，在阿拉伯世界很受歡迎），但實在對甜膩的碳酸汽水容忍度有限，有一回忍不住跟餐廳拿了飲料單，認真研究起飲料，沒想到在果汁茶咖啡的選項中竟然瞄到Beer，儘管前面多了non-alcoholic這個字眼。

於是我點了啤酒，來了一瓶叫做Delster棕色瓶子的飲料，我環顧四周，發現

上：清醒的伊朗旅行，但看到的景象卻很像超現實的場景，中箭的馬雕像讓人錯亂了時空。

下左：伊朗男女的眼睛普遍很大，他們眼睜睜地望著你時，會讓人有點手足無措。

下右：一路相隨的無酒精啤酒，真的很像麥汁。

不少在地人的桌上都有一瓶Delster，瞬間開了另一個世界的大門。看著黃金泡沫從瓶口湧出，金色的泡泡從杯底一直冒上來，視覺的輕盈感讓人解了這一路的渴。輕喝一口，果然沒有酒精，少了啤酒花的香氣與厚度，non-alcoholic的啤酒純然是麥汁。冰鎮的飲下還可以欺騙自己這是酒精很低很低的啤酒，但若不趁冰喝，他就是尾韻偏甜的麥汁。尤其在一些小店，捨不得浪費電來冰啤酒，點過來的常溫Delster，更像重養生無美味的飲料。

儘管他的口感、味道都比不上真正的啤酒，但在沒酒喝的國度裏，手握Delster有望梅止渴的安慰。而以他在餐廳、咖啡館、水煙店裏受歡迎的程度，可以感受到在禁酒國度集體叛逆的快感。尤其在水煙店，伊朗男子們一吸一吐將整個空間吹滿了雲霧，再配著Delster，即使不含酒精，那種刻意要把自己弄暈、弄茫的執著，竟讓我有些感傷。對無拘無束的我們來說，醉生夢死可以是任性的日常態度，但對伊朗青年來說，要搞到醉生夢死，頗費勁。

沒有紅酒就喝玫瑰水吧！

去伊朗前，看著伊朗的地圖，就對其中一個城市Shiraz非常好奇，即使中文將他翻成「舍拉子」，但常喝葡萄酒的人看到這個名詞一定就會覺得是重要的密碼，會把它跟席哈（Syrah）品種的葡萄聯想在一起。我對它的神往遠大伊朗最知名的景點伊斯法罕，就算伊斯法罕曾被喻為最美的城市、甚至是世界的一半（在地人都這麼形容伊斯法罕：Esfahan is half of the world，去過伊斯法罕就是造訪過半個世界），沒有美酒相伴也是空洞。

我當然無法在舍拉子找到酒蹤，但在地人的說法印證了我的推測：「Shiraz曾經是伊朗最重要的葡萄酒產區，葡萄品種就是Shriaz，真的有一種考據指稱席哈葡萄品種的起源就在這裏，不過不管Shriaz是不是就是Syrah，舍拉子就是伊朗的酒鄉。」《可蘭經》認為釀酒的人是有罪的，過去的釀酒師當然廢了武功，釀酒的葡萄成了做葡萄乾的食材，看著街邊賣著在地名產肥

上：伊朗的水煙店桌面普遍簡單，越抽越清醒。

下：深夜的德黑蘭街頭其實很熱鬧，尤其電影院一帶總是有很多人徘徊。

大的葡萄乾，讓人無奈，只好再買一瓶Delster和喝不到的Shiraz致敬。0%的酒精量到13%的酒精含量，是天堂到地獄的距離。

伊朗人普遍喜歡舍拉子的，它沒有伊斯法罕的壯觀與氣勢，可是它卻是伊朗人覺得最有文化氣息的地方。雖然不產酒了，可是這裏的玫瑰聞名，有玫瑰的地方往往就理所當然的被貼上浪漫的標籤。再加上此地是波斯詩人Hafez的故鄉，他多首讚頌愛情的詩作是伊朗人生命養分之一。（編注：據統計Hafez的詩集在伊朗的發行量僅次於《古蘭經》）

因為一直在小商店研究non-alcoholic啤酒的款式，賣「啤酒」貨架上旁邊用寶特瓶裝的透明飲料也引起我的注意。平凡無奇的瓶身上貼著淡淡的玫瑰標誌，我好奇的問老闆。他說：「這就是玫瑰水啊！來舍拉子的人都會買好幾瓶回去，喝這個有益健康。」原以為友人吩咐我代購的玫瑰水是保養品，沒想到竟然是飲料。既然喝不到葡萄酒，喝玫瑰水或許也是向波斯土地致敬的方式。無色的玫瑰水，喝起來卻很嗆，由於不習慣透明的水裏有

上：伊朗的餐桌讓人越吃越清醒，這裡搭配的主要飲料是優酪乳

右頁：我也想在波斯地毯前喝一杯，但端上來的總是熱騰騰的茶。

著花的香氣，我竟然無法暢飲玫瑰水，吞吞吐吐的喝了半瓶就止住。比起無酒精的啤酒，玫瑰水才是對我味蕾的挑戰。他不是酒，卻喚醒我對特定香料酒的防備。

在禁酒的國度，我卻天天點著啤酒來喝，儘管它沒有酒精、儘管它有草莓口味、橘子口味（水果的無酒精啤酒喝起來幾乎就是汽水了），但Beer這個字眼似乎可以解除深藏在心底的渴。每天每天喝，我幾乎就要認同Beer就是這種麥汁味了、我幾乎要說服自己喝多了也是會微醺的。打著因為喝了過多氣體的飽嗝，感謝阿拉，在這個國度我能天天喝到啤酒，就算它沒有酒精。

離開伊朗時隨手買了一本Hafez的詩集精選，在依舊昏暗的滿漢航空上翻著密密麻麻的詩句，突然有一篇〈Wine Worship〉在幽暗的機艙中如同彗星飛過，詩句：

Red wine, let us drink and die...Wine is the sole salvation, its worship and works sublime...

在沒有酒精的機艙上，Hafez的詩句讓我品到了伊朗的迷醉。

上：Hafez的詩集歌頌了玫瑰、愛情
與美酒。

下左：這瓶像裝汽油的玫瑰水讓我遲
疑好久，不知該不該喝？

下右：無酒精的啤酒喝多了，也是會
認為它是酒。

土耳其的男人味

Raki

年紀會撫平舌頭的倔強、甚至開始接受過往無法想像的味道，如土耳其
的Raki。

儘管一直都沒愛上Raki（拉克酒），可是每次搭土耳其航空，還是會不自覺的點Raki來嚐嚐，空服員熟練的在塑膠杯裏倒入酒、再加進礦泉水，然後給我一杯冰塊，原本透澈的酒體在淋下礦泉水後，立刻變成乳白，完全和上一秒清澈的面貌分道揚鑣，像魔術。而我總在喝下第一口後，立刻把酒杯放下，讓口腔去消化濃得嗆人的茴香味，這味道可以消除之前的舌頭記憶、進而削去腦中牽掛的瑣事，立刻把思緒切換到當下、切換到眼前這杯像牛奶一樣的Raki，土耳其的味道立刻清晰湧現。

然而，第一次和Raki的邂逅不是在土耳其，而是十八歲那一年去了希臘。十八歲的女孩，對酒精是懵懂且無知的，只知道有啤酒，其他都歸類於難喝的烈酒。去看所謂的特色表演時，餐廳遞給每人一杯小小的Raki，導遊解釋道：這是茴香酒、是希臘特有的特產。我輕啜了一口，立刻吐了出來，當時對於這種瀰漫茴香味道的酒，根本是任性的無法接受，表情與心情就像喝下毒藥般，甚至幼稚的認為古時候有些人被迫喝下毒酒，應該就是這般滋味。我完全不明白為何希臘人可以一口飲盡，然後快樂地繼續跳舞。回台之後，還警告要去希臘的友人們：千萬不要嘗試那裏的茴香酒啊！

那一趟，我明白Raki是土耳其的，是國酒

年紀會撫平舌頭的倔強、甚至開始接受過往無法想像的味道，如茄子。再次去希臘，一路吃著烤茄子喝著啤酒，繞了這個國家大半圈，後來索性橫越愛琴海，跳過米克諾斯、聖托里尼、羅德島來到了土耳其。上岸後，就像其他背包客一樣，繼續把在地啤酒Efes當成每日降溫的飲品，但老闆們總是端給我們沁涼的啤酒後，自己一轉身就在櫃台後方倒著Raki，看著俗爛的連續劇。

我自以為是的問：「這不是希臘的茴香酒嗎？」
老闆眉毛扭曲的說：「Raki是土耳其的，希臘什麼都要跟我們搶。」

上：Raki是土耳其的國飲，是街頭最常看到的酒款。

中：土東的遺跡多半斷垣殘壁，必須靠著Raki燃起想像力，追想Van城過往的輝煌歲月。

下：茴香酒Raki讓人變得安靜，但看出去的世界卻越轉越快、越跑越高速。

夏日走遍土耳其西岸，右手的掌心握著Efes讓人精力充沛，當時覺得世界上最痛快的陽光沙灘大海就是在土耳其，但當我正嘻嘻哈哈過著藍色啤酒海的日子時，總是留著小鬍子的土耳其朋友仍會拿出我無法理解的Raki，熟練地倒在像裝牛奶的長杯裏、然後兌著礦泉水，若有所思地飲著乳白色的飲料。當我喝著金黃泡沫，對方卻喝著像牛奶般的飲品，飲酒的興致立刻被打折，Raki的出現讓我覺得應該把啤酒倒掉、點一份營養午餐。我仍然無法明白Raki的魅力，但那一趟我明白Raki是土耳其的，是國酒。

後來又去了土耳其幾次，才發現家家戶戶都有Raki，Raki其實是生命水，一天都不能少。我原以為這是很男人的飲料，但土耳其女孩、媽媽也都會喝上一兩杯，有一次在Izmir作客，土耳其媽媽端出多樣的黃瓜、番茄、羊乳酪等土耳其的冷盤前菜（Meze），順手的在我的杯子裏倒了Raki。基於禮貌，我慢慢地喝著Raki，配著乳酪調製的前菜，冷盤的奶味奇妙的平衡了茴香濃烈的草本味，把難以駕馭的野味馴服，這般酒食搭配下，讓我對Raki另眼相看。

我還是沒有愛上它，但，可以小幅度的接受它。

我一直以為和Raki的關係就是蜻蜓點水，直到2013年的一趟土東旅行，Raki成了空氣中存在的分子，和那趟邊境之旅緊緊相連。帶我走土東的是來自黑海旁大城特拉布宗（Trabzon）的Huseyin，他從小在德國布萊梅長大，笑稱：「我是喝德國啤酒長大的，十一歲那年在鄉間騎車很渴，跟一個民家按門鈴討水，結果婦人給我大杯啤酒解渴。二十歲回到土耳其，很奇怪，一到這個我父親的國度、喝到Raki，就立刻直覺這是屬於我的味道。」

我們的旅程把土耳其東邊從北到南縱走了一回，開著Renault Symbol，沿著喬治亞、亞美尼亞、伊朗、伊拉克、敘利亞的邊界漫遊。後車箱裏，除了我的大行李、Huseyin的小行李、還有挨著行李箱的紙箱裏放了幾瓶Raki。白天他是盡責的司機兼導遊，詳細的跟我分析土耳其跟邊界這些國家的愛

上：在土耳其航空上也可以點杯茴香
酒配著冷盤菜，感受土耳其的風味。

下：純真博物館展出的Raki，書中的
凱末爾說：「在那樣的夜晚，回到家
後，為了能夠入睡，我至少還要再喝
三杯拉克酒……」（第57章）

恨情仇，夜晚他則會拎著他的Raki回房，笑著說：Good to Health！（有益健康。）

一路伴遊的茴香味

我以為他會酗酒過度，但每天早上遇見他，他永遠是神清氣爽，但總飄著淡淡的Raki茴香氣息，路上他繼續解釋和亞美尼亞人的恩恩怨怨。沿著公路向南、走過荒野、遇見一群又一群的牧羊人，我們開向亞美尼亞的邊界卡爾斯（Kars）。我是因為奧罕·帕慕克（注1）的小說《雪》而動念來此，小說裏描述這裏是被世界遺忘的小鎮，連我想要在此下榻一晚都被Huseyin虧：「不好吧！那裏真的很無聊喔！」我說：「我不怕無聊，而且你有Raki陪你，就不無聊。」他笑了笑。

卡爾斯真的很無聊，但離卡爾斯約45分鐘車程的阿尼古城（Ani）卻讓人震撼，隔著古城的Ahuryan河，就是亞美尼亞了。由於兩國長期不睦，再加上土耳其死不承認二十世紀初的屠殺亞美尼亞人事件，這條河把這兩個國家分到世界最遙遠的距離。原本河上有橋的，但現在也斷了，亦不會修繕。我很喜歡Ani古城的情調，儘管大部分都是斷垣殘壁，可是頹圮的牆垣仍留藏著氣勢。至於Huseyin，則看著這些破磚爛瓦不發一語。

亞美尼亞如同一個禁忌，土耳其人多半不想談，但土東的旅程因為一路都會看見亞美尼亞人的聖山亞拉拉山（Ararat），所以總會想起命運多舛的亞美尼亞人。終年覆著白雪的亞拉拉山現在屬於土耳其的，它的宗教氣氛濃烈，因為《聖經》裏挪亞方舟最後的停泊點就是亞拉拉山。此山距離伊朗只有16公里、離亞美尼亞32公里，因為邊界地位重要，所以成了一座只能遠觀、不能遊玩攀登的山頭。它其實長得跟富士山一樣和藹可親。

· 注1：Orhan Pamuk，土耳其作家，2006年獲得諾貝爾文學獎，代表作《我的名字叫紅》、《純真博物館》等。

上：土東Van城已經看不太出過去古城的規模，喝著Raki看著城牆下的遺跡，竟有在綠色海洋上漂浮的感覺。

下左：土東的城鎮杜巴亞茲特的庫德族皇宮是電影《適合分手的季節》取景之處。

下右：土東的Ani古城在荒煙漫草中仍能想像出過往古城的規模。

我們的公路之旅多半安靜，所行的風景大多荒涼，儘管Huseyin試圖用語言說出這原是哪個帝國時代的遺址，但風沙土石早就斷了人的想像，車廂裏只有Raki的氣息飄著。白天趕路考古，每到傍晚找到旅館，我們的表情才會稍微鬆弛下來，Huseyin不同於之前總是拿著Raki直奔房間，後面幾天捧出他珍藏的Raki國民品牌Tekirda Rakisi在旅館的小花園跟我分享。其實Raki的釀製跟白蘭地很像，都是蒸餾的葡萄酒，只是土耳其的茴香讓Raki變得如此獨特、立刻和這個土地連結。我一如往昔，只是輕輕的沾一口，尤其Huseyin的珍藏，高達45%，我輕輕嚥下有如吞下烈焰。

Huseyin笑著說：「我在家睡前都是喝70%的Raki，那讓人完全放鬆、立刻回到原點，我們家都是靠Raki保養身體的。這一趟風塵僕僕，你要多喝一點才有抵抗力。」Raki的原酒過於猛烈，我終究還是跟一般的土耳其女孩一樣，兌著冰水喝，淋上冰水的Raki是牛奶色，銳氣受挫不少，但喝起來還是很帶勁。

我說：「這像被下毒的牛奶！」
Huseyin說：「這是獅子奶，我們稱這是Aslan Sütü」，就是阿斯蘭獅子奶。阿斯蘭在土耳其文裏是稱強壯的人，所以Raki就是給強壯的人喝的牛奶。」

這畢竟不是我的牛奶，但它的確是我在天寬地闊的土東闖蕩時為一天畫下句點的重要一記。不同於喝啤酒容易讓人聒噪，Raki會使人很自然地變得安靜，就算兩個人不講話也不會覺得尷尬，慢慢地喝、慢慢地看著覆著白雪的亞拉拉山、慢慢地移動到伊朗邊界杜巴亞茲特（Dogubayazit）、走進庫德族的皇宮再轉進臨著湛藍湖泊的凡城（Van）。

越往東南方，土耳其茶攤的風貌越原始，小桌、小凳、小杯子，幾個男人就可以耗上一個下午，不知是不是幻覺，每次我穿過茶攤聚集的巷弄都飄著Raki的香氣，明明在日光下，他們杯中的飲料是深紅色的茶。越往南，市集裏的Raki味越濃厚，厚重到可以驅趕邊界城市特有的不安、驅走淒涼風景

上：土耳其人很喜歡搬個小凳在街頭巷尾、手握鬱金香杯喝著紅茶討論世事。

下左：土東Van城巷弄的茶攤也飄著Raki的氣味，大家的表情越來越戲劇性。

下右：土耳其走一圈最想擁有的就是土耳其杯具組和Raki酒一瓶，不管喜不喜歡都是最道地的土耳其味道。

帶來的寒意，讓人的心安定下來。Raki是句點，是終於可以休息的句點。

土東的行旅，白天是在荒涼大地間疾馳、傍晚是Raki時光、入夜後就是捧著帕慕克《純真博物館》的時間，《純真博物館》是泡在Raki裏的小說，凱末爾與芙頌在一杯又一杯的Raki裏情愛糾葛。即使我對Raki的接受度有限，只能小啜一杯，但土東行徹頭徹尾地把我封進Raki裏。

結束公路旅行後，我回到伊斯坦堡待個幾日，對於城市的空氣中少了一層濃厚的茴香味感到若有所失。從旅館所在的Beyoglu區散步到Çukurcuma，走進實體的「純真博物館」，輕撫過貼滿4213根菸蒂的牆面，走到2樓第57展櫃，看著櫃子裏擺著三杯凱末爾等待愛情奇蹟時喝的Raki，會心而笑，想起Huseyin在途中曾說的：「Raki是等待的飲料，喝著喝著其實也忘了自己在等什麼，就沉浸茴香的滋味裏。」

公路旅行每到休息時，Huseyin總是
若有所思的抽著一根菸。

撫慰人心的溫泉藥酒
Becherovka

在啤酒大國捷克不好好暢飲啤酒似乎有眼不識泰山，但啤酒喝多了終究
會飽會脹，倒是溫泉藥酒Becherovka成了我的心頭好，經過捷克都會帶
一瓶回家滋養身心。

我不喜歡藥酒或是被稱為有保健功能的養命酒，不過，家族長輩卻很會做藥酒，舅舅幾乎已經發揮神農嘗百草的精神，只要對身體有益的植物都有辦法變成通筋活血的養生酒。植物性草藥酒實驗完畢後，我家還出現了鹿茸酒，每到冬日母親就會拿鹿茸酒跟著白蘿蔔燉煮著，然後熱熱的喝下，功能應該也是通筋活血吧！我常想，如果我的筋不通、血不活，我早就陣亡了，應該沒辦法強力振作到飲下私釀藥酒。因此，我總覺得藥酒是一種心理安慰。不喜歡酒被稱為藥，尤其還真的有草藥味的酒。

原以為成天暢飲啤酒、喝著紅酒、看起來筋通血活的歐洲人應該沒有藥酒這玩意兒，沒想到滋陰補陽是世界共通的習性，藥酒無所不在，總是在稍感不適的時候，會有貼心的人端出藥酒，而歐洲的藥酒風味以感冒糖漿味為主流，那味道比在台灣喝到的藥味更讓人害怕。有一回在德國吃東西吃到胃不舒服，體貼的旅店老闆立刻端出商標上有鹿頭的Jagermeister，我被鹿標嚇得不敢喝老闆倒的那杯酒，心中更吶喊：鹿茸酒真的是無所不在，逃來德國它也如影隨形。老闆看出我的疑慮，他說：「這是素的，沒有鹿，是用幾十種草藥製成的酒，對腸胃很好。」我順應人情的喝下，那甜膩的滋味就像把可樂加上感冒糖漿，用膩到底的甜把人的感冒病毒嚇醒，為了不要再多喝一口，身體立刻自動復原。

從此，歐洲藥酒、草藥酒就從來沒出現在我的酒單裏，因為我不想讓品酒成了一種驚嚇。

一天喝兩杯啤酒有益身心健康！

在捷克旅行，當然像很多遊客一樣一路喝著他們引以為傲的啤酒Pilsner Urquell，彷彿一坐定位，桌上就得有個綠瓶子Pilsner Urquell才算道地。捷克觀光局還為了啤酒迷印了一本繞著捷克喝啤酒的啤酒觀光手冊，我在翻手冊時，旅客諮詢中心的伯伯熱心地說：「來捷克一定要多喝啤酒啊，一天喝兩杯啤酒有益身心健康！我們現在習慣的微甘、清爽的啤酒Pilsner釀法就

上：在卡羅維瓦利大人小孩都陶醉在喝下去的世界。

下左：Becherovka藥酒博物館外頭的招牌就有很補的感覺。

下右：捷克最引以為傲的是啤酒，該國的啤酒消耗量已多年名列世界第一。

是捷克人發明的，世界知名的百威啤酒也是源於捷克而不是美國。」

或許我已經過了喝下啤酒就可以渾身是勁的年齡，在塞滿觀光客的布拉格，我喝啤酒越喝越鬱悶，尤其當所有的觀光客跟你一樣喝著Pilsner Urquell、一起人擠人的走過查理士橋、一起在卡夫卡曾住過的房子前拍照、一起逛著華麗的城堡……原本以為可愛浪漫的場景，在觀光客有如水漫金山寺的失控時，一切都變得俗氣，再加上啤酒的澆淋，更是俗不可耐。不知怎的，在被戀人歌頌的布拉格，我竟有點反胃。紀念品店、餐廳、啤酒屋、水晶玻璃店、木偶店，一家連著一家、一家又連著一家，完全沒有在地人生活的縫隙在裏頭。

在布拉格的大廣場與火藥樓之間生活一個禮拜，我完全不知道布拉格人怎麼過日子，只看到高調的韓國人在鐘樓下拍婚紗、中國客人擠爆水晶店，還有更多更多拿著手機東拍西拍往臉上自拍的觀光客。很想用酒精澆熄對所見世界的無奈與不安，但Pilsner Urquell太淡太弱了，只能讓我打飽嗝。

受不了布拉格無窮無盡的夏日人海，我逃去觀光客也不少的溫泉小鎮卡羅維瓦利（Karlovy Vary），溫泉小鎮處處標榜健康、養生的氣氛讓人自動的變得比較收斂，即使是很多觀光客，大家的動作也是溫和的，每個人手上拎著一個溫泉杯，走到哪喝到哪，有的溫泉杯做得太像酒杯了，我不禁懷疑起其實是邊逛街邊買醉。當大家齊心都希望身體勇健時，喝著溫泉水的表情總是很甘願，就算泉水有淡淡的鐵鏽味與臭蛋的味道，人人還是推薦別人多喝一點，對腸胃好。

與其說卡羅維瓦利是溫泉小鎮不如說他是一個典雅的溫泉公園，從一出巴士站往市中心的路程，散步就可以感受溫泉資源和自然、古典建築結合的優雅景致。川流於市中心的溪水本身就是溫泉，氤氳的蒸氣讓小鎮有魔幻色彩，而沸騰衝出地表的源頭形成一個一個的小噴泉，直白的說明這裏的溫泉水有多熱、多純。

左：溫泉公園各個造型的溫泉口都讓我誤以為流出來的是酒。

右：捷克酒友兼最佳導遊Klara小姐。

左下：即使喝起來有著鐵銹味的溫泉水，為了健康，路上還是人手一杯。

循著花園的路徑走進壯觀的溫泉迴廊，宏偉的羅馬式列柱昭告此處是溫泉帝國，來來往往的遊客邊喝著溫泉水、邊逛著迴廊，溫泉水讓遊人的腳步放慢了，情境非常悠閒。迴廊裏有數個溫泉飲水池，只需稍微彎個腰就可以用小杯子取放流的泉水，旁邊的指示牌標示著72度，在微涼的季節喝溫溫的泉水本以為可以暖胃，沒想到溫泉特殊的氣味讓人吞嚥的小心翼翼，帶點酸味和鐵鏽氣味的溫泉水並不可口，但念在可以健胃且難得造訪，還是勇敢的喝了一大杯，路人看到我入口後表情猙獰，還打趣的說：「健康的東西永遠不美味。」

捷克藥酒Becherovka堪稱是歐洲人的養命酒

拎著杯子，走到哪、喝到哪，取之不絕的溫泉水情境頗有療癒效果，正在想像若是這些溫泉口都是噴出酒泉，酒客們暢快的帶著自己心愛的杯子，東喝一口井、西喝一口井，茫了，就在羅馬式的廊柱旁歇息一會兒，醉了，就躺臥在冒著煙的溪水旁泡著腳，呼吸著這曾經療癒過貝多芬、蕭邦的空氣……

捷克的朋友兼酒友Klara說：「想不想喝一杯？」我說：「我們不是已經喝了很多杯？」Klara笑著說：「我是問要不要喝杯酒，這裏是捷克藥酒Becherovka誕生地，那藥酒可是用溫泉水做的喔！」

一聽到「藥酒」兩字我就敬謝不敏，奈何已經走到了Becherovka博物館門口，只好進去養身滋補一下。

前腳才踏進Becherovka就聞到荳蔻、丁香等香料的味道，大量的木裝潢再加上昏暗的燈光，與其說是進入一個賣酒的地方，不如說像走到了優雅的中藥鋪。由卡羅維瓦利名醫研發出來的Becherovka已經有兩百多年歷史，堪稱捷克甚至是歐洲人的養命酒。Klara說：「捷克人家櫥櫃裏都有一瓶Becherovka，胃痛感冒都會拿出來喝一杯。」

在溫泉區邊喝溫泉水邊聊天真的很愜
意。

我說：「那你現在是感冒？還是胃痛？」

她笑著說：「就是想帶你來嘗嘗看，而且這裏賣的Becherovka專用水晶杯超美，Becherovka全捷克都買得到，但她的專屬水晶杯可不好買。」

不曉得是我已經到了可以接受喝藥酒的年紀，還是這小小的水晶杯有魔幻作用，當我用畫著十字藥品符號的小巧水晶杯喝著琥珀色的Becherovka時，竟覺得還蠻對味的，他當然是理所當然的濃郁、香甜，可是在甜裏頭有荳蔻、丁香、肉桂、柑橘還有好多我說不出來的草本植物味道，慢慢飲下，整個身體暖暖的，呼應了戶外溫泉水的暖心作用。而他的後韻極佳，不是感冒糖漿的甜膩，反而可以去除這一路吃的香腸、鴨肉的膩味。一杯入喉，明顯的感受到為何這不僅被當作開胃酒，也可以當消化酒。

Becherovka果然可以打開味覺的另一個開關，它同時也開啟了我的藥酒世界。當然，也有可能，我漸漸步入酒櫃裏慢慢地出現藥酒的年齡。喝藥酒不見得是有病、不舒服，有時候只是想切換一個味道、想體會神農品百草交會且發酵出的是怎樣的滋味，它當然不是啤酒橫衝直撞的爽勁，而是一層又一層安定的沉澱。過去只是任性的視為甜膩，現在卻會折服能將二十幾種草本植物調和在一起，呈現出甜蜜的風味，這種功力其實非常高深。溫泉藥酒的調配技術與對健康人生的期待，讓人喝到的不只是香甜、還有暖心。

買了杯子，買了瓶Becherovka，走出博物館，我對捷克又開了一隻眼，沿途看到好多Becherovka的招牌、廣告。一路回布拉格，街上也有好多Becherovka的商標。當不了解的時候，Becherovka對我一點意義都沒有，但一旦領會到溫泉藥酒的神祕，城市裏的密碼突然解開。喝著Becherovka，我在布拉格不再煩躁，找到如同溫泉般療癒的力量。

Recipe

Becherovka溫泉藥酒特調Beton

溫泉藥酒單喝很濃郁，感覺上是很補的藥，但他也可以做成輕盈醒腦的雞尾酒，在布拉格的酒吧就可以喝到爽口的藥酒特調Beton，作法：

Becherovka溫泉藥酒40cc

氣泡水半杯

冰塊些許

檸檬2片

· 將上述材料放入瘦長的杯裏，攪拌均勻即可暢飲。

熱飲LAVINA

Becherovka也可以調製溫暖身心的熱飲LAVINA，作法：

Becherovka溫泉藥酒40cc

紅酒120cc

水40cc

丁香些許

肉桂1根

· 將上述材料放入鍋裏稍微加熱至冒煙即可（不用煮沸）。倒入杯中，然後在杯緣放一片檸檬。喝起來跟熱紅酒一樣有滋補的風味。

info

Becherovka博物館資訊／becherovka.cz

上：加入檸檬、冰水特調的Beton喝起來非常開胃且開心。

下：餐後喝一杯Becherovka是我在捷克的儀式之一。

微醺

就是要健尼士

健尼士只能在愛爾蘭喝，離開愛爾蘭，健尼士都有點走味，不再是我在
愛爾蘭日也喝夜也喝的健尼士。

我不會主動的想喝健尼士（Guinness）。去愛爾蘭之前，健尼士根本就會不出現在我的酒單裏。在台灣，一直把健尼士歸類於黑啤酒，由於有一種類似感冒藥水的甜味、再加上不夠痛快的苦，讓人不知道喝了它能得到哪樣的救贖。況且烏黑的鋁罐包裝，很容易聯想到很解High的Zero可樂，於是一併打入冷宮。然而，步入愛爾蘭，就是走進健尼士的世界，路上的店招不是健尼士就是愛爾蘭威士忌第一品牌Jameson，在那麼多人在找樂子的城市裏，健尼士不可能不好喝！

只是，我沒料到，在愛爾蘭的旅程中，健尼士已然成為我身體組織液的一部分，那種純粹就像是要把過去錯過的健尼士都要在旅程中補給完成，看盡它的千姿百態、證明它的身世、還它一個合理的評價。如同我太慢認識都柏林，即使旅程都是風雨淒涼，但雨簾霧氣後的城市節奏總是強烈撞擊心弦，沒有U2當背景音樂也會覺得街頭砰砰砰的響。

健尼士是紅色的

初抵愛爾蘭是在貝爾法斯特（Belfast），站在城市裏最古老酒吧Crown Salon吧台前，躊躇著要點什麼好，儘管大量的酒標與酒類廣告都是指向健尼士，我還是抗拒的不想喝烏黑的啤酒。熱心的愛爾蘭人菲爾直覺的要請我喝一杯健尼士，我皺著眉頭說：「我不喜歡喝黑啤酒。」

菲爾說：「來愛爾蘭一定要喝健尼士，這是我們的血液。健尼士不是黑的，是紅的。」我以為他是酒精性色盲，但他就像化學老師一樣，高舉酒杯、對著昏黃的吊燈，要我注意從光源透過來的酒杯裏的色澤，他說：「你看，是紅色的吧！不要再說健尼士是黑啤酒了。」的確，一直以為賣相不佳的健尼士在燈源下竟呈現珊瑚般的寶紅色，原來它是紅得發黑，我誤會它多年。

吧台一眼望去，幾乎人人手中一杯健尼士，這樣的同質性在地球的其他地

上：老字號的Temple bar外牆也是以健尼士的廣告當做號召。

下：對愛爾蘭人來說，健尼士帶來一天的氣力，它的平面廣告就描述喝了健尼士可以強壯得舉起一艘船。

方很難看見。說它是啤酒，其實它的模樣更像是冰的卡布奇諾，頂端那層綿密的泡沫柔軟的像奶泡、柔柔順順的，我不禁自責在台灣怎麼會低估健尼士、沒有好好的品味它。我愧疚的跟酒保說：「我在台灣從來沒點過健尼士，我太晚認識健尼士了、沒想到它那麼爽口好喝，回台灣後我一定要成為健尼士的擁護者。」

老酒保麥克則笑著說：「罐裝的健尼士運送到台灣可能因為搖晃的關係、保存的方式、品味的形式而讓口感打折，它不可能和你現在喝得一樣。一般來說，我出了愛爾蘭也不會點健尼士，出國的健尼士已經走味了。」

九十七秒的夢幻沉澱

走味的最大關鍵就是少了沉澱的程序。健尼士初體驗美妙的讓我再追加一杯，麥克爽快的答應、把酒注入酒杯約八分滿，突然停住，接著他忙著吧台的瑣事、和眼前的客人談著天氣與選舉。性急的我忍不住問菲爾：「他怎麼不趕快把酒斟滿遞給我，還跟別人五四三？」我實在太習慣站在啤酒壓桿前手腳俐落遞酒杯像流星滑過的典型美式酒保架勢，他們的作業程序裏沒有停頓，只有快速與更快，對於麥克優雅的停頓，有點匪夷所思。

菲爾笑著說：「不要急，健尼士和一般的啤酒不一樣，你注意看杯子裏的變化。」只見品脫杯（Pint glass）裏一陣風起雲湧，杯中的健尼士呈現牛奶咖啡色，有如沙塵暴般在杯裏像煙火一樣炸開、然後安靜了、靜靜的從咖啡色變成透光的寶紅色。麥克等杯中風雲塵埃落定，他才注滿酒杯，品脫杯上方十分之一的部分都是綿密的泡沫。麥克說：「每一杯健尼士都要經過九十七秒的沉澱程序，讓分子安定，最後才能注滿上桌。這幾乎是每個愛爾蘭酒保的標準作業程序。」

九十七秒的說法不是吧台之間的鬼扯，陸續光臨其他酒吧，也會聽到九十七秒這種說辭，這個奇數簡直是健尼士密碼。繞了愛爾蘭喝一圈，抵

上：看著杯中的風起雲湧是品味健尼
士的樂趣之一。

下：都柏林有七百間酒吧，多半氣氛
溫馨，有固定的酒客。

達都柏林我立刻奔赴健尼士酒廠。我向來對參觀酒廠沒有什麼興致，但是健尼士的風味太特別，而且這種風味是離開愛爾蘭就不會存在，我妄想待在酒廠可以全身每個細胞沉浸在健尼士的氣息中久些。

酒廠剛慶祝完健尼士兩百五十周年，釀酒的機具外，吸引我目光的其實是洋溢漫畫風的廣告，他的訴求不外是喝健尼士會變得健康、強壯、有益身心。我在愛爾蘭這一路風雨飄搖、見識淹水與路毀，卻能樂觀的繼續旅程，這應該也要歸功於健尼士天天給我強心劑。酒廠頂樓的酒吧除了是品酒區也是都柏林男女喜歡來此流連的地方，吧台的酒保身兼解說員，他又把九十七秒的黃金定律拿出來說一遍，他的停頓、等待，讓健尼士有一種莫名的神祕感。

不同酒吧不同風味

每天我在不同的地方喊著「給我一杯健尼士」，但我在愛爾蘭沒有喝到一杯味道一模一樣的健尼士，不同的酒吧、不同的酒保，端出來的就是不同風味，沒想到啤酒可以那麼有「人性」，在都柏林Isaac Hostel工作的偉恩說：「都柏林有七百間酒吧，就有七百種健尼士的味道。」以我的體力酒力與時間只能造訪都柏林百分之一的酒吧，的確，每一間的滋味不同，靜置的時間、酒杯裝呈的角度，都左右了一杯健尼士的味道。其中有一家酒吧，在我續杯的時候，注入幾滴桑葚汁在我的酒杯，我原本以為味道會不倫不類，沒想到桑葚的清甜帶出健尼士的甘味，含入喉中的健尼士益加順滑，像被施了魔法。

有點年紀的老闆說：「健尼士在啤酒的品項中是很獨特的酒，但是它的味道是潤的不是刺的，所以它奇妙的可以和一些果汁搭配，營造出很柔和的口感。」喝著他的特調，我覺得他不只在說我杯中的健尼士，甚至透過這杯酒，傳遞了愛爾蘭的性格。

上：北愛爾蘭古老的酒吧Crown
Salon全部是用木頭打造，天花板是
精細的木刻，有漂亮的彩繪玻璃。

下左：都柏林街頭洋溢酒香，中午時
分許多酒吧都已經開始營業。

下右：Crown Salon是愛爾蘭酒吧愛
好者的朝聖地點。

健尼士的風味除了反映杯中風景，酒吧的氣氛其實也左右了健尼士的氣息，在觀光客聚集的Temple Bar，健尼士是明亮順口的、味道年輕；在古老的International，健尼士有陳年的滋味，讓人喝得速度也跟著情境變得緩慢；作家們喜歡的Davy Byrnes，則如飲下艱澀的尤里西斯，讓人暈眩。

在都柏林機場2號登機門旁的The Clock Gate酒吧喝下最後一杯健尼士，一想到離開愛爾蘭就沒有這樣的滋味，不禁惆悵起來。還好有健尼士，當我因為狂風暴雨看不清愛爾蘭的風景，卻在一扇扇的酒吧門後得到最溫暖的安慰，健尼士不僅是強心劑，也讓人對旅程變得更有勇氣。管它颱風下雨、山崩路塌，喝就是了，Slante！（Slante是愛爾蘭蓋爾語「乾杯」之意。）

喝一杯Info

健尼士都柏林啤酒廠／St James's Gate, Dublin 8／+353-1-408-4800／www.guinness-storehouse.com

Temple Bar／2 - 5 Wellington Quay I Temple Bar, Dublin 2／+353-1-703-0700／dublinstemplebar.com

International／23 Wicklow St, Dublin, Co. Dublin City／+353-1-677-9250／www.international-bar.com

Davy Byrnes／21 Duke St, Dublin／+353-1-677-5217／www.davybyrnes.com

上：健尼士是愛爾蘭的味道。

下左：每一杯上桌的健尼士在八分滿的時候都要沉澱九十七秒，等顏色變成澄澈才會注滿一杯。

下右：都柏林街頭各式各樣的酒吧吸引不同的客層。

成人的遊樂場：
海尼根遊樂園

每到異地，若紅白酒的品項空洞、調酒空虛，我還是會說：那給我一瓶海尼根吧！

我不喜歡參觀酒廠，了解製成、走在陰暗的橡木桶間、看宣傳短片、閱讀大量的大圖輸出，並不讓我有喝酒的痛快，反而是因為聽不太懂許多化學作用的專有名詞而直打哈欠。會進入酒廠，無非是想喝免錢或是比較便宜的酒，但歐洲酒廠的門票不便宜，掐指一算不見得可以把本喝回來，若不合成本，我根本懶得進去。

畢竟，我對怎麼釀酒沒有太大的興趣。尤其啤酒，製程和工廠設計大同小異，除非是小型、自釀的啤酒廠，國際連鎖大廠牌，我都不想去。走在阿姆斯特丹街頭，海尼根的標誌鋪天蓋地，餐廳門牌上、酒吧店招下、旅店信用卡簽單旁、甚至帶我騎單車悠遊阿姆斯特丹的Daniel的單車籃都是海尼根裝啤酒的箱子。我說：「你那麼愛海尼根啊？」他反問：「你不愛嗎？」

過了人生某個關口後，啤酒似乎就不是人生必需品，冰箱裏不再有整排的海尼根，看到海尼根的廣告也不再心情飛揚。

Happy Together

曾經認為和啤酒的關係就像海尼根在上世紀末的廣告配樂「Happy Together」一樣，會快快樂樂的在一起。不過現在想到這首歌的畫面永遠是王家衛的電影《春光乍洩》。海尼根與嘉士伯是我在大學時代的伴遊飲品，時光好像就在這堆綠色的啤酒罐中過完，然後就離啤酒越來越遠。在第四回造訪阿姆斯特丹的時候，我住的Easy Hotel就在海尼根觀光工廠（Heineken Experience）旁，雖然對於觀光工廠沒甚麼興趣，但出入這個「博物館」的都是帥哥辣妹，即使上了年紀的人也打扮得很有型，讓人不禁懷疑起這究竟是大型酒吧？還是言以載道的觀光工廠？跟著青春的背影，我走進了海尼根體驗中心。

甫入場、買門票時，我有點氣惱票怎麼那麼貴，但當笑得甜美的售票小姐

上：海尼根的阿姆斯特丹市中心啤酒廠停產之後轉型成觀光工廠，成了城市裡最有看頭的景點。工廠內仍完善保存非常典雅的釀酒設施與空間。

下左：在海尼根體驗中心除了附贈的兩杯啤酒外，若踴躍參加答題且答對，還會再贈送啤酒，讓遊客一路暢飲。

下右：有著綠色海尼根車籃的單車，讓人很想牽一台逛阿姆斯特丹。

把票環套在我手上，我立刻被海尼根收買。海尼根的門票是做成橡膠手環，就像要進Pub玩樂一般，票上頭還釘了三個釦子，其中兩個釦子可以換兩杯啤酒，另外一顆則可以搭門口運河上的海尼根遊艇到海尼根位在林布蘭廣場（Rembrandtplein）的品牌商店。所以一張票包喝還包搭船遊阿姆斯特丹運河，算算覺得頗划算。

根據統計，「海尼根體驗中心」是遊客票選阿姆斯特丹最有趣景點中的前五大，我本來對這個排名有點懷疑，但實地走訪一圈不得不認同真的很有趣，就算是對啤酒冷感的遊客也會在海尼根體驗中心找到樂趣。我曾參觀過幾家很有名氣的啤酒廠，海尼根是最具遊樂場特質的，它不是靠影片或圖片告訴遊客啤酒是用大麥、啤酒花、酵母、水做成的，也不是在強調他們的水質有多好、啤酒有多新鮮，整個觀光工廠就是不斷的讓遊客體驗與互動。最讓人印象深刻的是海尼根設計了一個Brew You Ride的4D空間，進去的遊客就是啤酒的組成分子，當影片提到啤酒花造就金黃色泡沫時，空間裏就有氣泡飛翔；當提到釀造時的加熱過程時，身體下方真的有熱風襲來；釀製過程的攪拌與晃動也會透過地面的裝置搖晃全場遊客，有如置身遊樂園。關於啤酒的製作過程透過在4D空間裏從釀造到裝瓶一連串有趣的互動後，每個人出來都會明白一瓶海尼根是怎麼誕生的，這比參觀酒廠、聽專家解釋流程有意思且印象深刻。

除了啤酒學問的傳遞，海尼根體驗中心還設計了許多讓人留下海尼根印記的活動，比方可以製作有自己名字在上頭的海尼根酒標、可以在海尼根單車旁或景片前留影然後立刻把照片上傳給所有的朋友、甚至可以錄製自己是主角的海尼根廣告……原以為只是單純的啤酒廠參觀，沒想到讓大人小孩都在海尼根厲害的影音設計下玩到捨不得離開。

前台的售票小姐Kelly說：「參觀這個體驗中心所需的時間平均為一個半小時，但很多人都玩到超過兩個小時，再加上搭船遊覽並參觀品牌店，海尼根可以讓遊客玩上大半天。」向來對遊樂園無感的我，都被海尼根的行銷

上：海尼根體驗中心很有夜店的氣氛（雖然只有白天開放），遊客還可以躺在C型椅欣賞海尼根歷年來的廣告作品。

下一：海尼根還有自家的遊艇行駛阿姆斯特丹運河，帶遊客到自家品牌店參觀。船費包含在門票裡。

下二：海尼根體驗中心酒吧喝酒區是大桌共用，很容易交到新朋友。

下三：雖然我對啤酒沒有癮頭，但被海尼根酒杯包圍也是一件開心的事。

手法逗得很樂，懶得去自拍機前拍攝到此一遊照，也可以癱在像個人小包廂的空間，欣賞海尼根歷年的廣告，與時俱進的海尼根無疑透過廣告記錄了每個年代的流行文化。

參觀酒廠無非就是要喝酒。海尼根相對大方，除了手環上那兩枚釦子的額度，和解說員互動、回答問題也很容易得到免費的啤酒（他的問題非常簡單），所以多半的人在還沒走進他的酒吧就已經喝了不少。而體驗中心的酒吧當然是整個旅程的最高潮，幽暗再加上挑逗的燈光與醒腦的音樂，簡直是把海尼根廣告場景搬到眼前。音樂爆發力十足、吧台的男男女女很有看頭，在這樣的空間裏很容易和陌生人打成一片，才喝兩杯啤酒，我的facebook立刻多了5個好友……本來的獨飲立刻變成把酒言歡，在晦澀的燈光下，瞥見青春殘影。

回程搭著荷蘭航空飛往台北，反射性的點了海尼根，在不怎麼喝啤酒的多年後，海尼根似乎喚醒了些甚麼。現在到異地，若紅白酒的品項空洞、調酒空虛、我還是會說：那給我一瓶海尼根吧！

後記　順遊哥本哈根，丹麥啤酒嘉士伯Carlsberg

海尼根體驗中心迷幻的體驗結束後，回到簡單到只有一張床的Easy Hotel，赫然發現荷蘭航空從阿姆斯特丹飛往丹麥哥本哈根來回促銷不到台幣2500，於是立刻買票、飛往丹麥，趁著對啤酒死灰復燃的興頭，想瞧瞧嘉士伯（Carlsberg）的故鄉。

不同於海尼根體驗中心是大型遊樂場，嘉士伯的觀光工廠真的是個博物館，我一路可是非常理性且冷靜。看著館內的收藏，赫然發現嘉士伯在1895年就已經傳入中國，在中國的啤酒海報是官員微醺的模樣，還需要旁邊的侍衛攙扶，而宮女銀盤上的那瓶就是當時嘉士伯啤酒的瓶子。那張海報上寫著「萬字皮酒」。仔細研究嘉士伯商標的演變，發現早期嘉士伯以

海尼根體驗中心暢飲過後，覺得阿姆
斯特丹街頭都朦朧了。

佛教的卍當作商標，代表著幸運的符號，所以當時傳入中國的就有卍（音同「萬」）的標籤，是故稱為萬字「皮」酒。導覽員表示，後來卍跟希特勒的納粹符號有點類似，為了避嫌才取消這個商標。

雖然是啤酒廠的總部，但嘉士伯的展示中心文化氣息濃厚，有許多珍貴文物，展示中心還有一個露天的雕塑花園，裏頭有丹麥最具代表性的雕塑小美人魚的雕像（市中心那尊觀光客必拍的小美人魚雕像也是嘉士伯捐的），還有一尊羅丹的雕刻作品。逛這個啤酒觀光工廠我的心情非常平靜，甚至覺得喝啤酒是很有文化的事。逛完以後還可到旁邊的溫室花園走走，園子裏栽植啤酒花、大麥讓觀光客可以實際觸碰啤酒原物料。

當然，嘉士伯的觀光工廠也有酒吧，但它長得很像學生餐廳，遊客的喝法與氣氛有如參加學術研討會。出了觀光工廠後，覺得哥本哈根更冷了，在蕭瑟的街頭，我只想找杯伏特加取暖。

喝一杯Info

海尼根體驗中心／heineken.com/experience／門票18歐元（約台幣720元）

嘉士伯展示中心／visitcarlsberg.com／70克朗（dkk，約台幣364元）

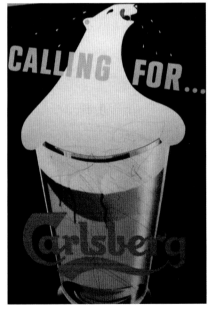

上左：丹麥哥本哈根嘉士伯和海尼根並列全球五大啤酒廠，衝著距離近也可去喝喝瞧瞧。

上右：嘉士伯在19世紀末於中國發行的啤酒廣告，當時是用「皮酒」兩字，相當俏皮。

下左：很喜歡這張嘉士伯以北極熊為發想的海報。

下右：嘉士伯的酒吧光線明亮，讓人不知不覺正襟危坐，甚至想要打開電腦辦公，而且空間裡沒有音樂，很像大學裏的食堂。

聖誕節的滋味：
熱紅酒

熱紅酒不會醉，醉人的是季節的氣氛。

有些事情是有季節性的，比方包粽子、搖元宵，還有烹煮熱紅酒（Glühwein）。每到十二月總會情不自禁的在小鍋子裏倒入半瓶紅酒，再放進柳橙、薑片、肉桂、丁香、荳蔻，和一點點的黑糖，當紅酒開始冒起煙還沒滾之際，熄火，加入幾滴白蘭地，然後倒入寫著Weihnachtsmarkt（聖誕市集）的馬克杯，感受季節的滋味。房子裏瀰漫著肉桂和橙香，香氣沁入鼻息，熱烘烘的酒氣溫暖了腸胃，也把心情帶到遠方的聖誕市集，想起這幾年一直相伴的友人。

我向來不是很喜歡香料酒，更不愛把酒加熱，但是熱紅酒幾乎是每到隆冬夜裏我會烹煮的酒品，它的季節性儀式意義大過於暢飲與微醺。第一次喝到熱紅酒是在愛爾蘭的聖誕市集，小販用塑膠杯胡亂裝給我，一杯約台幣一百，喝起來就像感冒糖漿，無法暢飲，但多樣的香料真的是暖了我的腳板，讓我可以繼續於深夜在貝爾法斯特街頭穿梭鬼混。當時，熱紅酒對我來說等同薑母茶，而且是比較甜、味道比較怪的那一種。

聖誕市集是冬日蕭瑟歐洲街頭的溫暖角落，愛爾蘭的朋友Ale笑著說：「我們從來沒有在意聖誕市集好不好吃或好不好喝，如果沒有聖誕市集，我整個十二月的夜裏根本不可能站在戶外、吸著冰冷的空氣。在暖氣逼汗的酒吧裏沉醉才是王道。」

曾經有一陣子，台灣的旅行社為了活絡歐洲冬季的超淡市場，推出走訪「聖誕市集」的行程，參加過的朋友懊惱的說：「其實就是一般行程加上晚上帶我們去逛逛賣聖誕紅酒、烤肉的夜市，從法國到德國都一樣，只有第一天興奮，其他就是無止盡的重複。」朋友的經驗讓我對聖誕市集無感，僅覺得又是商人買賣我們浪漫靈魂的玩意兒，連帶的也認為熱紅酒亦是空虛的產物。

醉醺醺的晃過貝爾法斯特的聖誕市集，也驚訝於巴黎香榭麗舍大道的聖誕市集竟可那麼庸俗，我對聖誕市集已然斷念。

上：聖誕市集裡紅銅鍋烹煮的熱紅酒冒出季節的香氣。

下左：冒著煙的熱紅酒，視覺上給人很大的溫暖。

下右：不想頂著寒風，其實聖誕市集也有室內暖氣區，但就是少了那股又冷又溫暖的聖誕味。

遇見想像中的聖誕節

直到造訪了觀光客相對少的德國柏林，才感受到聖誕市集的味道。在朋友的慫恿下，離開暖氣房、跳上200號公車，仰望著星光直奔夏洛騰堡（Charlottenburg Palace），朋友說：「這是柏林人認為最浪漫的聖誕市集。」城堡的光環讓這個市集洋溢典雅的風味，香腸與肉餅的香氣勾引著味蕾，一個個冒著暖氣的木攤子聚集了一群群吃著熱食、喝著啤酒的夜行者。熱紅酒的氣味在將近零度的夜裏，有如光明燈，把人和人的距離拉得好近，我們三人圍著圓桌、捧著陶杯、喝著舒心的熱紅酒，暖流融化了冬日的閉鎖也喚醒了遊興，便再跳上雙層巴士經過了文·溫德斯的《慾望之翼》，穿越了立起聖誕樹的布蘭登堡，當夜的布蘭登堡是節慶裏的燈箱，耀眼異常。聖誕酒的助興讓我們回魂似的沿著大街直奔另一頭亞歷山大廣場的聖誕市集，電視塔、旋轉馬車、小小摩天輪，構築成奇異的世界，我們像回到青春期的孩子在冬夜闖蕩，在異色的燈火中看見想像裏的聖誕節。

不同於巴黎或是愛爾蘭的熱紅酒多半是用免洗杯或是保麗龍杯裝盛，柏林的熱紅酒攤在道具上非常講究，除了用很有味道的銅鍋、陶鍋烹煮外，給民眾品味熱紅酒的杯子也多半是玻璃杯或是小馬克杯，這些杯子上還會有應景的圖案或是寫上2013柏林聖誕市集的字樣，本身就是饒富意義的紀念品。通常一杯熱紅酒約3.5歐元，1.5歐是杯子的押金，還杯子就會立刻還銅板給消費者，然而由於杯子太可愛了，不少人會當作年度的聖誕節收藏，讓熱紅酒有了光陰的故事。

離開友人後，獨自造訪位在柏林購物大街的Friedrich聖誕市集，這個被稱為貴婦級的聖誕市集因為過於高雅，還酌收入場費。那個傍晚，舞台上Michael Buble正唱著〈Everything〉（1歐元入場費就可聽麥可布雷也是奇蹟），溫馨的樂音搭配著一頂又一頂潔淨的白篷子與舒服的笑臉，我依然點了一杯熱紅酒，窩在角落聽著音樂，看著鄰桌的人們聊著天且傻傻的

上：聖誕市集舉辦期間的布蘭登堡是柏林最美麗的地標。

下左：聖誕市集的氣氛讓人甘於在零下的低溫出來喝著熱紅酒約會。

下右：在柏林到處都可以遇見地標柏林熊，而且每一隻彩繪都各具特色。

笑，這杯紅酒竟有些悵然。副歌一遍又一遍的耳畔唱著：

And in this crazy life, and through these crazy times.

It's you, it's you, you make me sing.

You're every line, you're every word, you're everything...

原來，聖誕市集是要呼朋引伴走訪的，這是第一次，我覺得喝酒該有個人在身旁。雖然有很多人說最浪漫的聖誕市集在紐倫堡或是法國的史特拉斯堡，但對我來說，有友人一起暢飲熱紅酒的聖誕市集才是值得留戀的。

柏林，很自然的跟熱紅酒、聖誕節畫上等號。

Recipe

熱紅酒

德文的熱紅酒Glühwein的英文是Mulled Wine，在網路上可以看到多種作法，想要偷懶的人可以直接買瓶裝的熱紅酒（當然還不是熱的），回家加熱就是熱紅酒的滋味。每到聖誕節前一個月，溫德德式烘焙坊都會進口數瓶現成的熱紅酒，方便消費者使用。不過我還是喜歡自己熬煮，一方面可以調整味道，二方面細火慢煮更有佳節的溫馨感。

紅酒250cc、新鮮柳橙汁80cc、老薑2片
紅糖1大匙、荳蔻5顆、丁香7顆、月桂葉2片
肉桂棒1根、白蘭地少許

1. 將上述食材隔水加熱熬煮20分鐘。若是使用新鮮柳橙，除了放入柳橙汁也可以把果肉放進紅酒裏煨煮。
2. 過濾食材後，就可以飲用。
3. 建議飲用前可滴入一點白蘭地。

上：夏洛騰堡的聖誕市集是柏林浪漫
指數最高的市集。

中：聖誕市集裡冒著煙的熱食格外吸
引人。

下：在中藥店買些香料就可以在家製
作熱紅酒。

極地的暖心滋味：

愛爾蘭威士忌

我是在造訪愛爾蘭的時候才愛上威士忌，並不是愛爾蘭威士忌特別好喝，而是它總是來得正是時候。

愛爾蘭，緯度沒有很高、領土也沒有太高的山，但它卻是我造訪過最冷、最淒涼的國家。狂風吹襲時，它比南極還冷，暴雨澆淋時，車窗除了看到搖擺的雨刷，甚麼都看不到，大雨淹了半個車身，除了無奈的水上行舟，也別無他法。我是在某年十一月造訪愛爾蘭，沒看到電影《PS我愛你》那樣風和日麗的好風景、也沒體會到留英同學口中比英國美太多的愛爾蘭。

旅行的日子，每天每夜暴雨急下，撐著破雨傘去看大雨中的葉慈雕像、瞻仰佇立在又濕又冷街頭的喬伊斯銅像，真為他們心酸，也為自己總在不合時宜的時候造訪一個地方感到無奈。

愛爾蘭冬天的天氣總是讓人無奈嘆息，除了陰就是溼以及沒完沒了的雨，它的環境比南極還極端。旅行的時候，我終於可以理解為何南極探險家謝克頓（Ernest Henry Shackleton，注1）可以在險峻的氣候裏進行白色荒漠大探險，因為他是愛爾蘭人啊！在這麼慘烈的天候下活過來的人，到世界各地都可以探到奇、找到寶、抵達大部分的人都到不了的地方。

十一月環繞愛爾蘭一圈，戶外其實沒有見到幾個人，一片蕭索，但總在一層又一層的雨簾後方可以看到昏黃的燈光，燈光因為海邊夜裏來的霧氣，顯得迷幻而有吸引力。於是，愛爾蘭的自然風情考察之旅立刻因為老天爺的旨意，轉往每個地方發亮的微光駛去，那是一間間在風雨飄搖中穩住人心的酒吧。

---

* 　注1：謝克頓（Ernest Henry Shackleton），英國探險家，在1914年到1916年「堅忍號」橫越南極大陸的探險之旅中，他和組員出師不利，沒出發多久就遭遇險惡的天氣，船毀了、人傷了、甚至被困在孤島數月，探險的時間無限期的拉長，原本的橫越南極計畫，成了為期七百天的極地求生實錄，甚至食物不夠只能殺殺狗、企鵝、海豹果腹。不過謝克頓以堅強的意志力帶領船員通過考驗，冰海歷劫七百天全數獲救，全數活著回來的紀錄是南極探險史上讓人驚嘆的一頁，也因此謝克頓成了英國人的偶像，他代表著永不放棄、堅忍不拔、照顧同僚的精神。

上：愛爾蘭蒼茫的風景讓人益加握緊酒杯。

下：愛爾蘭從中午開始就是酒宴，陽光大好的日子更早開喝，啤酒與 Jameson 輪番上場。

暖心的愛爾蘭咖啡

來愛爾蘭前,我對威士忌沒什麼認識,只知道台灣那幾個蘇格蘭品牌,也不會特別去買威士忌來喝。然而我在愛爾蘭的第一天就被爛天氣嚇壞,傍晚在Derry落腳後,立刻走進旅店旁的酒吧想喝個熱飲,直覺的點了愛爾蘭咖啡,畢竟在愛爾蘭點愛爾蘭咖啡是天經地義。

之前在台北咖啡館也是點過愛爾蘭咖啡,不過那完全是出於探奇的心情,喝過一次咖啡＋酒＋鮮奶油的搭配後,就算嘗過鮮,之後就沒再點過了。但在愛爾蘭的吧台看著酒保調著愛爾蘭咖啡,感覺上就是調配一杯家常風味熱飲,而非在台北感受到的異國風情。他俐落的在透明咖啡杯裏倒進熱咖啡、加入糖、豪邁的倒入威士忌、再把快速打發的鮮奶油淋上,交到我手上時,杯子暖暖熱熱的,立刻將一日在戶外吸收的水氣蒸發得乾乾淨淨;輕輕品一口,溫潤的酒香和著奶香和咖啡氣息,驅走了門外的寒冷,原本因為天候不佳、對於陸上交通的不安與神經緊繃馬上被鬆開。我情不自禁的說:「好好喝!」酒保笑了笑說:「愛爾蘭咖啡的唯一祕訣就是要用愛爾蘭威士忌,用蘇格蘭的就走味了。」

吧台的共同語言　Jameson

酒保的工作台上放了好多瓶Jameson,我靜靜地坐在吧台的角落喝著愛爾蘭咖啡,像捧著暖爐一般,深怕一喝完,就失溫。下班時間過後,走進酒吧的人越來越多,他們多半穿著長風衣,走進酒吧便抖掉身上的雨滴,身體才觸碰吧台一下,嘴巴就自動的彈出「Jameson」。酒保一一的幫大家奉上,有的人是跟朋友對飲,但更多人是靜靜的獨酌,好似這閃著金光的酒可以平息一日的狂風暴雨,讓人安定。喝完愛爾蘭咖啡後,仍覺得意猶未盡,於是我也跟著人聲,追加了Jameson。第一口入喉,只覺得好溫潤,溫溫暖暖的輕撫喉頭。

上：愛爾蘭咖啡也是愛爾蘭必嘗之味。

下左：隆冬喝一口愛爾蘭咖啡會幸福的發笑。

下右：Jameson的招牌在愛爾蘭隨處都可見。

愛爾蘭咖啡是隨時會熄火的暖爐，而純飲Jameson則是像把永恆之火抱在懷裏，一點都不擔心他會熄滅。

吧台旁的氣象預報說著明日將有更大的風雨，但啜飲著Jameson的我們，一點也不擔心，大夥兒的心情似乎都沒有被新聞快訊所打擾。鄰座的朋友問起：「是來愛爾蘭旅行嗎？」我說：「是啊！」他說：「冬天旅行很辛苦喔，我們冬天都不喜歡出門，太冷又太溼了。」我問：「那你們冬天都去哪裏？」他笑著說：「就在這裏啊！冬天就是跟Jameson一起過。」

發現愛爾蘭的火種後，每日觀光行程結束後，我都會到酒吧找Jameson取暖。尤其在著名的觀光景點Cliff of Moher見識險峻地形的同時也對惡劣天氣開了眼界，冰雹跟著海上吹來的風猛烈的往臉上打，毫無遮蔽的地形使得風的蹤影無所遁形，他粗暴地推著人走，若沒站穩，就會跌進萬丈深淵。逆著風，拍完到此一遊照後，我突然明白，為何電影裏那些在荒涼之城生活的人，胸口都要放一瓶酒，那不是因為酒精中毒時時要酗酒，而是那關鍵的一口真的可以喚起求生的意志。被Moher的風、雨、冰雹攻擊到失魂的我，像行屍走肉的癱在車上，一到旅館，立刻跑去隔壁的酒吧，有如直奔救護站，找尋良醫。

風雨中的愛爾蘭風景很模糊，可是在酒吧裏喝著威士忌的景致卻很清晰。從Belfast、Derry、Sligo、Galway、Limerick、Cork到回到都柏林，這一路風風雨雨，風景被霧氣遮得都一模一樣，然而每個夜晚，挨在吧台旁品著威士忌的日子均是把白天被霧氣遮蔽的風景擦拭乾淨的時光，鄰座的陌生人與酒保們，建構出我對愛爾蘭的認識，諸如不是每個人都會跳踢踏舞、踢踏舞起源於芝加哥……更多的時候是閒話家常，尤其在越小的鎮，酒吧越像一個地方的客廳，大家看著熟識的臉孔、靜靜地喝，然後回家。

儘管愛爾蘭是威士忌的發源地，但是知名度和辨識度遠遠低於鄰近的蘇格蘭，我是在愛爾蘭的酒吧取暖，才聽到Jameson、Tullamore、Bushmill、

上左：Jameson可以說是愛爾蘭威士忌的代名詞。

上右：Jameson酒廠內的酒吧可喝到所有品系的威士忌。

下：Jameson在Cork有一個釀造廠，也是可以參觀的酒廠。

Midleton、Cooley、Paddy這些名字，他們像詩的語言，聽過就會記得，然而在離開愛爾蘭時，總有些惆悵，不知下回再聽到這些名字是什麼時候，因為我很清楚，我又將回歸到走路、紅雀、父子的天下。在機場免稅店隨手抓了一瓶Irish Mist，紀念這一趟多是迷霧卻很愛爾蘭的風景。

後記

以為就此離開愛爾蘭，沒料到日後與愛爾蘭威士忌在國境之南重逢。第二次的南極旅行，走訪南喬治亞的葛瑞芬根（Grytiviken）、到謝克頓的墳前致意。掃墓的祭品很簡單，就是一瓶Paddy，船上的研究人員默默地唸著祝禱詞，然後每個旅人舉向謝克頓致敬，再把半杯酒倒在墳前、半杯一飲而盡。澆淋在雪地上的威士忌散發出撲鼻的氣息，在這蒼茫的冰天雪地裏，是具體的存在，它的厚度就像幫謝克頓蓋上了一床暖暖的棉被，讓他可以安心的睡。回到船上，愛爾蘭威士忌成了大家交流的語言，喝著Jameson和Paddy，我沒有想起愛爾蘭的風景，卻深刻地感受到那曾經給我的暖意。

Recipe

愛爾蘭咖啡

酒保Nike說：「要照這個順序做，咖啡看起來才有層次感，最重要的是要用愛爾蘭威士忌，不能用蘇格蘭的喔！」

1. 煮好黑咖啡同時加入糖。（建議是義式咖啡，或是用摩卡壺煮的咖啡）
2. 依自己喜愛加入愛爾蘭威士忌於咖啡中充分攪拌。
3. 淋上稍微打發的鮮奶油。

上：Jameson觀光酒廠可以看到不同
年份的威士忌存放在橡木桶的樣貌。

下：Jameson不同年份有不同的差異
性。

Story

冰天雪地必備的威士忌特調

威士忌除了純飲，多半會加水或加冰。在冰天雪地的地方，最不缺冰，而且還會神化冰，比方在南極的船上點杯威士忌，酒保都會很自豪，船上的冰可是從海上撈起來的海冰，那可是有萬年歷史，富含礦物質，和平常自己在家裏加冰塊截然不同。其實我也喝不出有多大的差異，但一想到是南極的冰，那一杯威士忌貴個十倍都會買單。

在阿根廷和智利的冰河巡禮也會品嘗到威士忌，模式如同南極，都會有一個工作人員到冰河上拖一大塊冰上船，然後再用鑽子把冰塊敲碎（都沒有人會懷疑那冰塊是否有細菌或被汙染）。智利冰河因為壓力擠壓以及陽光折射，冰山都有點淡藍色，從淡藍色冰山分裂出來的冰塊其實也是透明的，但就會覺得它是魔球，放在威士忌裏特別有味道。導遊依然神化這冰塊，說這冰河萬年不化，所以這冰也是世界遺產等級。

冰島的南方海岸線的Jokulsarlon冰湖巡遊的高潮，也是船家撈起湖中碎冰，然後打開威士忌，特調冰島冰湖威士忌給旅人享用。船家選用的是Tullamore，愛爾蘭的滋味在這冰火交融的大地裏，更顯得強烈。

我問船家：「為何是Tullamore？」
他笑著說：「我就喜歡他的味道！」然後接著說：「可能我們跟愛爾蘭一樣都是孤懸在歐洲大陸外，所以特別對這氣味認同。」

上：謝克頓葬在南喬治亞，南極行經
南喬治亞的觀光船都會來此與他共飲
愛爾蘭威士忌

下：謝克頓是南極探險史上的傳奇人
物。

左頁：阿根廷冰河健行的結尾就是要
來杯極地冰飲威士忌，相當過癮。

智利到祕魯的共同語言

Pisco Sour

儘管智利和祕魯都說著西班牙語、一樣將Pisco Sour視為國飲，但這兩
國不怎麼要好，都說對方的Pisco Sour是剽竊來的，難喝！

我第一次喝到Pisco Sour是在智利最南端的小鎮Punta Arenas，那是我初次到南美洲，看著吧台旁的人都喊著Pisco Sour，我也喊了杯來嘗嘗。本以為只是家常簡單的調酒，僅見酒保在杯子裏倒入透明的Pisco酒後，然後加入檸檬與冰塊，最後還快速的在另一個容器裏打發蛋白，再把蛋白泡泡淋在最上層，有如調製一杯卡布奇諾。喝著這款清新、爽口又多層次的調酒立刻紓解了搭了三十多個小時飛機的無奈，眼前一片海闊天空，還有麥哲倫企鵝傻傻笨笨的從窗口悠晃而過，景致有點超現實。

「智利不是紅白酒很出名嗎？怎麼大家在這裏都喝Pisco Sour？」我問道。酒保說：「Pisco是一種白葡萄的品種，經過蒸餾就和釀製白蘭地一樣，有特殊的香氣，我們智利就是Pisco最重要的產區，所以最熱門的雞尾酒就是Pisco Sour。」這是很適合夏天喝的酒，尤其在海邊，酸酸甜甜又有著香氣，檸檬更為她的口味增加了華麗感。

在智利南端Punta Arenas喝著Pisco Sour，太冷

然而在國土長度長達4000公里的智利最南端，其實是感受不到夏天的，Punta Arenas有夏日的太陽，可是在緯度南緯50度以南，相當接近極地，冰涼的風吹來會讓人哆嗦，而Pisco Sour讓人在冷空氣裏益加清醒。

我又點了一杯純的Pisco來品味，酒精40%的Pisco喝起來有點像Grappa，帶著舒服的果香，一口入喉，身體立刻切換了季節，彷彿胃裏多了顆小太陽，兀自燃燒。轉去Punta Arenas的街上，雜貨店裏賣了好多款調好的Pisco Sour，有檸檬口味、草莓口味，黃黃綠綠的從地板堆放到天花板，在地人反射性地拎了兩瓶走，看我在貨架前觀察甚久，便好心的跟我說：「買回家加冰塊就很好喝喔！買這個就不用自己調了。」不過，我還是迷信於手工，著迷於剛剛酒保又是檸檬、又是冰塊、專注打發蛋白的架式，對於眼前長得像維他露的東西沒太大的慾望。

上：Pisco Sour是祕魯很普遍的迎賓酒。

中：智利的賣場都會看到調好的Pisco Sour，方便大家隨開隨飲。

下：喝Pisco Sour都要配烘乾的玉米。

智利的Pisco體驗並沒有讓它成為我隨行的滋味，在地超值的紅酒、白酒比起Pisco更適合暢飲，搭配無肉不歡的飲食情境也較恰當。對我來說，智利的Pisco是紀念品，是會買回家、放在架子上供著的那種，並不會特別想每天黃昏時打開這瓶由太平洋海風吹出來的葡萄風味。

國酒之爭

真正迷上Pisco Sour是在祕魯。一抵達高海拔印加古城庫斯科，正焦慮要不要買氧氣筒保命，旅店櫃台端出Pisco Sour當迎賓飲料，我說：「我喝過這，這不是智利的國酒嗎？」
美麗的印加小姐立刻不滿的說：「智利真的很討厭耶，甚麼都說是他們的，Pisco明明就是祕魯的，你看，我們的地圖上真的有個地名是Pisco，那裏就是Pisco的產地。」

她指著後方的祕魯地圖，果真，在首都利馬南方235公里處有一個港口Pisco，印加小姐接著說：「那是祕魯很有名的賞鳥地點，也是Pisco這種白葡萄的起源地。你看看，Pisco是祕魯的吧！」我喝著她給我的Pisco Sour，一樣酸酸甜甜的，上面也是一層打發的蛋白，在高海拔的地方喝著這樣的調酒，心臟怦怦作響，很有印加節奏。

我還是忍不住的問：「那智利為何說Pisco是他們的呢？」
印加小姐說：「你先回答是我們的好喝還是祕魯好喝？」
我因地制宜的說：「祕魯的好喝。」
她笑著說：「過去祕魯和智利北邊算是印加王朝的領土，當時西班牙殖民者在祕魯Pisco發現當地的Quebranta葡萄釀製白蘭地口感奇佳，Pisco的名號從此傳開。所以在印加王朝時，很多地方種Pisco，包括智利。後來十九世紀末南太平洋戰爭，我們和智利、波利維亞的國界因為戰爭而改變，智利不只搶走了波利維亞的海岸線，也和我們搶Pisco的發源地，真的很可惡。」

庫斯科的街頭充滿故事性,是適合住
一陣子好好暢飲的地方。

喝著如此柔美的飲料，聽著她齜牙裂嘴的說戰爭史，看起來很不搭調，可是卻在我心中建立了：原來Pisco是祕魯的具體形象。喝起來清爽的飲料，其實很任性的爭取著它的身分認同，當酸甜清涼一飲而盡後，杯壁上還殘存著蛋白痕跡，頑固的留下印記。我向來喜歡重口味的調酒，但輕盈的Pisco Sour卻在這高海拔地帶成了每天不可缺的滋味（莫非高海拔也會改變人的口味），它常常輕盈得讓人誤以為只是檸檬調酒，不自覺多喝幾杯，以至於在缺氧的高山之城更加輕飄飄。

旅行祕魯，喝到Pisco Sour的機會比在智利多很多，而且很多都不用錢。在有市集的地方、舉辦活動的地方，常常可以喝到別人隨手遞來的Pisco Sour。就連搭乘從庫斯科（Cusco）到蒂蒂克克湖（Titicaca）畔城市Puno的火車上也供應著Pisco Sour，更別說大大小小的旅館都把Pisco Sour當作迎賓飲料。

在利馬當老師的Don就說：「既然是國飲，當然就不用錢，哪像智利那個國家那麼愛錢。」祕魯相對於智利真的是比較不會做生意，也不那麼愛錢，不過他們對於Pisco正統權的爭奪戰真的是積極到了極點，有一天我在街上的書店翻著他們的月曆，赫然發現二月的第一個星期六被標為Pisco Sour Day，想到那種舉國同歡一起喝著Pisco的畫面，就讓人精神大振。

從庫斯科出發，繞著祕魯玩一圈，幾乎每天都有Pisco Sour相伴，都不是刻意要找，而是它會自動的、符合情境的出現在桌面上，在庫斯科的西班牙式迴廊修道院裏、在馬丘比丘山腳下的溫泉區旁、在搖晃達八小時的火車之旅中、在蒂蒂克克湖的市場旁、甚至在Arequipa險峻山谷小鎮的羊駝烤肉串邊，Pisco Sour如影隨形。它不是主角，卻是生活的一部分，是切換工作與休息的關鍵，也是打開與陌生人交流的重要渠道。

在祕魯旅行，才知道什麼是國飲，它就像喝茶一樣，不搶戲但卻是桌子上

上：庫斯科到普諾的觀光列車不僅是
交通工具，還是一路暢飲Pisco Sour
的列車。

下左：祕魯人很喜歡教新朋友如何調
製Pisco Sour。

下右：在庫斯科喝太多Pisco Sour難
免胃寒，我都會到中央市場吃碗熱騰
騰的鴨肉湯麵。

的必要飲料。如同喝茶要配花生，喝著Pisco Sour總會有一盤烘乾的玉米作為小點，純然的印加風味。

後記

回到台灣後，Pisco成了遠方的語言，祕魯Pisco更是難尋。後來在智利洋行買到Pisco Control C，如獲至寶，它那撲鼻帶點蜂蜜的香氣，喚起了我的南美記憶。我在家如法炮製的調製一杯Pisco Sour，像是走進登機門，飛往南美的天空。儘管口中是智利的風味，但到了智利，祕魯就不遠了。

Recipe

Pisco Sour的作法

我採用的是祕魯Libertador旅店Los Montoneros酒吧的配方。
Pisco 1.5盎司
糖漿0.5盎司
檸檬汁0.5盎司
蛋白1顆
冰塊6顆
安式苦精數滴（Angosutra Bitters，提味用，沒有也沒關係）

1. 將Pisco酒＋糖漿＋檸檬汁＋冰塊一起放在雪克杯搖個15秒，倒入冰過的杯子。
2. 再將打發的蛋白鋪在酒飲的上層，最後滴3滴苦精，即可暢飲。

上：祕魯人普遍善良熱情，無論搭巴士或是火車總是有人跟遊客揮揮手。

下左：祕魯還有自有的印加可樂Inca Kola，不讓可口可樂專美於前。

下右：此款啤酒號稱用智利Punta Arenas的好水製成，酒標還是知名的百內國家公園風景。

印加式的迷醉，

Chicha＋古柯＝

馬丘比丘滋味

喝Chicha會變笨、古柯讓人放空，整趟馬丘比丘的健行還好有這兩種神
物的加持。儘管全身痠痛，但靈魂卻飛得比天空還高。

去祕魯，無非就是想看看只要介紹南美的海報上一定會有的那個巨大景點——馬丘比丘。因為不想只當個到此一遊、拍一張照就走的觀光客，所以選擇了一種以全身上下感受馬丘比丘的方式——健行，以四天三夜的時間，踏著印加人走過的山徑、鑽進一個又一個過去印加社群用大大小小石塊堆砌而成的聚落、走進釀酒室，尋覓印加人殘留下來的微醺痕跡。

古柯　隨身攜帶的滋味

抵達海拔3326公尺的城鎮庫斯科，長期在海平面周邊生活的我，有點不習慣缺氧的空氣，沒走幾步路就氣喘吁吁。在鎮上打理登山用品時，老闆都會好心的問：「要不要帶一點古柯茶（Coca Tea），我們都是喝這個來紓緩高山症狀，你也可以咀嚼葉子，讓身體比較舒服。」買雨衣、登山杖，再買一包古柯茶，成了準備去健行者必備的安心符。老闆也順手泡一杯古柯茶跟山友們分享，他笑著說：「別擔心，這不是毒品，不會上癮，古柯鹼還需要提煉、萃取，手續繁複，古柯葉是最單純的植物了，我們印加人都是喝這個養生。」古柯茶喝起來澀澀、苦苦的，像苦茶，一直相信良藥苦口信念的我，自我催眠這等苦澀滋味一定可以讓我身體裏的含氧量大增，適應高山氣候。

長得很普通的古柯葉，若不是在地農友特別指認，一般人很少會看出它和尋常的葉子有甚麼不同，只因為它是古柯鹼的主要原料，才會被汙名化。印加人很想幫祖先傳下來的草本植物正名，販售Coca花草茶的男孩Andrew就說：「植物本身都沒有善與惡、對與錯，是人的使用才讓他們被貼上標籤。」

爬山前為了適應高度，在庫斯科閒晃了幾天，隨身飲料就是古柯茶、坐下來點的飲料就是Pisco Sour。晃蕩的時候，剛好碰上「古柯生活節」，鎮上的人為了證明古柯是好物，除了製作有機的古柯茶外，還把古柯葉碾碎做

上：祕魯盛產古柯葉，可製茶亦可直接咀嚼，印加人認為古柯葉能減輕高山症的症狀。

下左：古柯也可以製成酒。

下右：在庫斯科還可以吃到古柯蛋糕。

成古柯蛋糕、古柯餅乾、古柯麵包，它們的味道其實和茶葉入甜點相當，淡淡的墨綠色則是古柯的印記。當然，也有農友把古柯做成古柯酒（Coca Liquor），多半是以古柯濃縮液加入蘭姆酒或是伏特加中，綠綠的酒很像怪獸噴出來的體液，品味起來主要還是伏特加或是蘭姆酒的味道，古柯只是讓酒多了一點青草香。

喝來喝去還是以古柯茶最習慣，原本以為的苦茶，在多日適應後已經能體會回甘的風情。在吃吃喝喝之際，有農友一聽到我要去走馬丘比丘的健行路線，立刻說：「山上有蚊蟲喔，這是我們用古柯做的防蚊膏，被蚊蟲咬的話，擦這個可以止癢。」看來古柯不只可以嗑、可嚼、可吃，內服之餘還可外用，鑒於新奇，也買了一瓶古柯防蚊膏隨行。晚上回到房間，打開那神祕的古柯藥膏，熟悉的萬華青草巷氣味在這海拔3326公尺的高地竄出。

Chicha　會變笨但會很快樂的酒

帶了足夠的古柯茶，跟著登山嚮導的腳步，開始一直走一直走的印加古道之旅。山友們多半是自顧自地走著、自己調節呼吸，少有人聊天，彷彿多說一個字，元氣就會喪失，而古柯茶就像古道上的生命水，大家走累休息時都會喝上一兩口。有趣的是，當我們這些外國遊客喝著古柯茶以求心靈的平靜時，隨行的嚮導、挑夫掏出身後像裝機車機油的瓶子，然後用塑膠的漱口杯裝呈著瓶子裏流出來帶點紫色的汁液。不同於我們喝著綠綠的古柯茶，放在漱口杯裏的紫色飲料看起來就像印加帝國流傳下來的神祕特調，彷彿可以強筋活血。

嚮導Ernesto說道：「這是Chicha，是玉米酒，安地斯山系的人都很習慣喝這個，我們用紫玉米或白玉米發酵製酒，大家每天很習慣喝一點。」挑夫們看我好奇，像倒果汁般把Chicha倒進我的杯子，紫色又偏點粉紅的chicha是用紫玉米做的，喝起來酒精不強、微酸，是發酵的味道。以印加人總是

庫斯科的印加風情強烈，品著古柯茶
看著在地的遊街舞蹈，相當迷幻。

發揮神農嘗百草的精神來看，我以為Chicha是類似蠻牛般的飲料，讓人喝了可以精神一振、負重走路也能輕鬆自在，但Ernesto卻說：「我們很喜歡喝Chicha，可是很多人都說Chicha喝多了會變笨，但是喝得當下大家都好快樂。」

這長達50公里的山徑之旅，從2380公尺的山谷一路爬到制高點4200公尺的Warmiwanuska，然後再一路起起伏伏的過一個又一個的印加老聚落，最後終於抵達海拔2400公尺的馬丘比丘。山徑的天氣不斷變化，又是風、又是雨，最多的還是藍天白雲以及燦爛的日照，而每轉一個彎、每翻一個山脊就是另一個山谷景致，每當歇息、看山、賞景、鳥瞰Urubamba河谷時，印加人所堆砌的石牆就成了我們的點心桌，古柯茶與Chicha總是相伴而來，本來對Chicha沒有太大興趣的我，走在這個印加古道上，味覺似乎也被牽引著，彷彿喝著他們習慣的茶、品著他們習慣的酒，這一路就走得更有印加魂。

Chicha雖然味道淡了點，可是很有糧食穀物所釀成酒的實在感，儘管多半是家庭私釀，酒體微濁，但卻有著屬於鄉間的人情味。傍晚紮好營，山友們或躺或臥、有的人發呆看山、有的則和小村子裏的小朋友踢足球，我則在野炊區，看著挑夫與嚮導們烹煮著晚餐，煮飯的時候，他們手中也是有一杯漱口杯裝的Chicha，他們總是好心的分我一杯一起享用，在微冷的山區，Chicha雖非烈酒，卻串起人和人之間熟悉的滋味。就算會變笨，卻快樂著。

在白天古柯茶夜晚Chicha的交輪灌溉下，終於走到了馬丘比丘，也許是因為幾日在地的酒茶食物薰陶，已經感染了印加魂，看到馬丘比丘時，並沒有像一般觀光客那麼興奮，很訝異他並沒有想像中般規模龐大。相較於一路上所看到有些頹圮但很有味道的城堭，馬丘比丘整齊且有秩序的像個印加樣品屋。跟著指標在石牆所圍起的空間裏想像著過往的神殿、獻祭的祭台、民宅、廚房、田園、水利工程……當然，少不了釀酒室。

上：藉助古柯葉和Chicha，多數山友
都能爬到山巔。

中：登山嚮導休息時也會拿出大杯子
喝Chicha放鬆一下。

下：透過健行可以看到印加人開墾的
聚落和在山坡地耕種的智慧，相當壯
觀。

Ernesto說：「祕魯的玉米品種之多是全世界數一數二的，當時的印加人就用很多穀物來釀酒，玉米也是一種。穀物釀酒的傳統在東方應該也很普遍吧？」五百多年的歷史過去，現在在馬丘比丘巨石堆裏當然聞不到酒香，然而酒香卻因為這幾日的Chicha薰陶，穿越時空的襲來。

回到庫斯科，到旅店對面的中央市場轉了轉，如同Ernesto所說，祕魯的玉米真的五花八門，白的、黃的、粉的、咖啡的、紫的、黑的都有，有的玉米粒大到比拇指的指甲片還大。在玉米如此多元且豐富的國度，Chicha的出現一點都不讓人意外，我好奇地問賣玉米的婦人有沒有Chicha，他笑了笑從身後拿出一個塑膠杯，開心地喝了一口，問我要不要也來一口……

告別Chicha，即是告別安地斯山系，也一同告別了古柯。雖然Chicha的酒質很粗，但它是貨真價實的餐酒，在地人餐餐喝、和食物緊緊相繫的酒，它日常到在地人都懶得特別提這種酒、日常到隨時都可以跟陌生人共飲、日常到這一路我喝Chicha都沒花到錢，想要買也沒買不到，因為是自己家做得家常酒，可愛的庫斯科人不好意思賣。

後記

我原來以為Chicha是祕魯特有的家常酒，但後來到厄瓜多旅行，在同是高海拔的首都基多（Quito，海拔2850公尺）想起了在祕魯庫斯科的旅程。當時下起冰雹，為了避冰雹和避雨，我躲進了一間小小的語言學校，學了幾個小時的日常西文會話。我問西文老師：「厄瓜多人喝Chicha嗎？」她說：「喝啊！尤其在基多和靠山的這一邊，我們都很習慣喝Chicha，這算是安地斯山系的風俗吧！」說著說著她從她的保溫壺倒了些到我的玻璃杯裏。

Chicha無國界。

上：在祕魯常可看到這種賣著神祕花
草茶的小攤子。

下左：參加古柯生活節的青年邊喝古
柯茶邊唱著歡樂的歌謠。

下右：祕魯的玉米種類眾多，是製作
Chicha的重要原料。

3

暢飲

用酒精記住時光
The Strand Bar

如果你星期五晚上在仰光，一定要鑽進仰光河畔的The Strand旅店酒吧，他的Happy Hour是極有誠意的暢飲時光。

十一月的仰光仍是炎熱，雖然已是相對舒服的乾季，可是白天超過三十度的高溫讓人走在街頭猛飆汗。街頭充滿破敗的英式建築景觀，頂著烈日、拖著拖鞋，在坑坑疤疤的馬路上認命的走著看著。會如此自我折磨，是因為非常清楚，這個國家已經到了開放的臨界點，眼前有點像哈瓦那的景致，很快就會被錢潮與人潮所更新，然後，他會變得跟東南亞大部分的城市一樣，沒有自己的個性。

很熱、很渴、想找個地方坐下來、想吹冷氣，在這樣的心態與心願下，沿著仰光河走的我，跨過了貨櫃碼頭，瞄見對面有一棟白淨的建築，其實也沒看清楚那是甚麼單位，就直接推門而入。冷氣襲來，這就是我和The Strand Hotel的第一次接觸。門僮看我曬得發紅發燙，立刻手指吧台的方向，仰光的日子就此以The Strand Hotel的吧台為基地，每到天光變暗便自動把自己導來這裏喝一杯、兩杯、三杯……天天如此，也發現不少人也天天如此。

我是在2012年十一月造訪緬甸，會特別註明時間是因為當年翁山蘇姬參選議員，我旅行的那個月歐巴馬來訪、安東尼波登也來做節目，緬甸對外面的世界開放了一部分，大量的招商引資開始進行，城市裏出現了很多工地，感覺上就是要把癱瘓已久的身體再重組起來，至於要組合成甚麼模樣，沒人知道。

由於我去的時間點還是剛開放的啟端，物價準備漲但還沒飛漲、旅館業急著要蓋旅館好接待迫不及待進來的觀光客，只是當時觀光客還沒進來。那時緬甸手機易付卡一張將近一萬台幣、手機無法漫遊，她是我欣喜的祕密花園——一個手機沒有訊號、網路很微弱的國度，可以真正的出國，和台灣的大小事完全斷絕關係。但我才離開不久，電信就開放了、物資也狂漲，去造訪仰光的朋友回來後第一個心得往往是：「怎麼那麼貴！」

上：The Strand Bar早上十點就開了，有些人來這裡從白天喝到日落，就是為了感受一日的寧靜。

下：點一杯The Strand Crush搭配的小點有蝦餅和花生，非常澎湃。

被鎖在時空膠囊的城市

緬甸的鎖國和被多國經濟制裁意外造就仰光成了被鎖在時空膠囊的城市，百年前被英國殖民的痕跡完整保留，電信大樓、教堂、學校等建物儘管落漆黯淡，但仍保有過去的典雅，只是過去穿西裝、打領帶、戴高帽的殖民者換成穿著背心、拖鞋、在古典廊柱前擺茶攤的小販們，巴洛克式的列柱旁則是整排販售新鮮蔬菜的菜販，東方和西方很自然的跨時空交會。

在The Strand的吧台看著緬甸地圖，明明白白地畫出緬甸就在中國和印度的交界處。大英帝國透過印度來統治緬甸，仰光街頭混雜著英國、印度、華人交雜的氣氛。殖民者走了、軍政府來了，原本的維多利亞式建築裏頭，活動的還是壓榨百姓的人，只是更多漂亮的房子都荒廢了。我走在破落的房子間，走累了，就在茶攤吃碗台幣約十元的麵，再點杯緬甸啤酒Myanmar，戶外的飲食空間讓人越吃越熱越喝越渴，但習慣了，就不以為意了。

到了傍晚，再人模人樣的走去The Strand Hotel吹冷氣、喝一杯，彷彿透過這種儀式，回到旅館後可以比較好睡、不會在半夜流汗到熱醒。

旅人很容易走到The Strand Hotel，因為他就在河岸的碼頭旁，是當時殖民者發展的中心，交通、物流、貿易都在這個區域發生。儘管現在城市商業發展轉移，The Strand Hotel這一代仍保留仰光緩慢的氣息，周邊的駐外使館點出他曾有的歷史地位。老實說，在緬甸新制度與舊秩序交接的時刻，看來華麗、正經的大門，都變得鬆動，旅人很容易推門就掉進另一個被時間、灰塵包裝的空間。

我曾推開一個典雅的英式大門，裏頭卻擺著撞球檯，有三、四個青年喝著啤酒打撞球；而推開The Strand的門，則又墜入了所謂殖民者的上流空間。的確，它讓我想起了新加坡的萊佛士酒店，在和酒保聊天的時候，正好印

仰光有大批英國殖民時期的建築，有
如走進時光隧道。

證The Strand的血統，它最初的老闆就是萊佛士的建造者Sarkies兄弟。比起萊佛士，我喜歡The Strand更多更多，因為緬甸還沒學到資本主義那一套（不過現在學很快），名義上的五星級飯店卻暗暗的在路旁，沒有瑞氣千條的光芒，沒有打量你穿著的門僮，任何人都可以輕輕一推門、走進去、直接拐進酒吧，這個酒吧是屬於大家的，即使它是大飯店的價格，也是比一般大飯店來得平價，一杯調酒約台幣200元，還附贈一大盤的核果。

酒保Daniel有點年紀，頭髮灰白，他總是慢條斯理地調著我點的經典調酒Strand Crush，用中部大城曼德勒（Mandalay）產的蘭姆酒加上檸檬、糖以及很多冰塊，很有節奏地攪拌著，就像天花板轉動的吊扇般。酷熱的一天就在這杯Strand Crush得到救贖，檸檬的清香和蘭姆酒的嗆鼻味，立刻把周邊的氣息都變得有點輕飄飄。坐在吧台的人有一搭沒一搭的聊著，試圖靠著眼前這杯降溫，即使有冷氣，但緬甸的冷氣總是無法冷到心坎。再加上三不五時的跳電（連The Strand Hotel都會跳電），手中這杯冰鎮的Strand Crush涼透心房，喝著喝著，就笑了。

調酒太順口，很容易讓人繼續加點，通常第二杯就會喝在地的啤酒Dagon，一杯台幣百元有找，啤酒的加持可以讓身體呼吸的時候吐出涼涼的風，身體裏裏外外都得到降溫，也能開始清爽的和周邊的人交際。和我隔一個座位的是法國的攝影工作者Jean Pierre，他來緬甸已經六次了，這次來心情很慌，很怕這裏快速的改變（這是永恆的旅行弔詭：在地人需要改變，觀光客總希望一切不要變），他住在市區沒有窗的小旅館，每天來這裏就是為了透一口氣。

他說：「進來Strand就好像走到了比較有條理的世界、也是比較熟悉的世界，不是外面不好，而是日子還是需要切換。」

在這個用大量柚木、皮椅打造出來很有年份感的酒吧裏，不少人找到一種奇怪的安定，不是外頭不安，外頭其實非常安全、緬甸人善良的讓人心

上：The Strand Bar其實沒有老飯店的厚重感，而且出入的人多半很隨興，進五星級飯店卻沒有很大的壓力。

下：一杯啤酒在The Strand約台幣一百，Happy Hour來也才50元台幣。

疼，但是就是太善良了卻沒過到應得的好日子才讓人不捨。The Strand除了工作人員，看不到幾個在地人，畢竟一杯200元的調酒，是很奢侈的消費。然而，外國觀光客不管是高級的還是背包客，都會來The Strand走一走，試圖在這個和外觀相映襯的老旅店裏，找尋緬甸依稀存在的風華，而這樣的風華是殖民者的，而非在地的。

在這樣的酒吧，我當然也會想起曼谷東方文華的Bamboo Bar，那間酒吧是我每次去曼谷都會去的地方，儘管它脫離了曼谷當下的現實，但著迷就是著迷在它營造了一個與世無關的世界，爵士歌手的聲音把旅人帶到柔美的世界，而盛裝而來的客人應景的配合氣氛演出，在那兒喝酒，腰桿總是會挺得特別直、總是明顯的感受到旁人的眼神在身上畫過。同樣在河畔，歷史命運的不同造就懷舊的The Strand沒有傲氣、沒有門檻，它是酒吧，但不少背包客把它當成小書房，就著昏黃的燈，研究旅行指南。而我坐的吧台位置旁，放的是則是厚厚的英文報紙《The Yangon Times》精裝本，我上次翻著厚厚的報紙精裝本是高中去央圖寫報告的時刻。

Happy Hour

「星期五要來喔！這是The Strand Hotel的盛事，Happy Hour，買一送一，早點來，會很多人，擠得沒有空間看書。」Daniel說。

周五，我依約來了，下午六點，酒吧的人已經滿到門口，已非我熟悉的氣氛了。拿著啤酒站在門口的加拿大人說：「在仰光工作的外國人都聚在這了，越晚越多人，買一送一比外面的茶攤還便宜。」吧台裏的Daniel瞄到我，對我使個眼神，要我鑽到吧台前。突破重重人牆，我終於在吧台旁有一個可以靠的地方，剛好就在那幾本《The Yangon Times》精裝本旁，不同於以往的安靜與細語，周五的The Strand Hotel是個熱鬧的酒吧，連Daniel調酒的速度都快轉起來，但仍很有條理。

上：在仰光走累了可以喝杯甘蔗汁。

下左：坐在仰光路邊的茶攤看人看車喝茶也可以度過有趣的一日。

下右：走訪緬甸的時候正逢歐巴馬會翁山蘇姬，街頭的報紙都是這個消息。

一個紐西蘭常客問我接下來要去哪裏，我說蒲甘和茵萊湖，她笑著說：「緬甸看似已經開放，但遊客玩的地方還是主要仰光、蒲甘、茵萊湖這個鐵三角，很多灰色的、不光彩的地方，這個政府還是希望你沒看到。」她對緬甸很熟，在幾杯雞尾酒間，她像語音導遊般，幫我補了這個陌生國度的許多知識，關於到蒲甘要怎麼玩、單車要怎麼騎、茵萊湖怎麼租船、住哪區，隨著越喝越多，她說得越來越清晰，而我身旁還多了一、兩個聽她語音導覽的陌生人。

「帶啤酒到蒲甘的舊城區，找個漂亮的地方看著佛塔享受夕陽野餐，會很過癮的。對了，茵萊湖邊有個法國人在那裏種葡萄，釀葡萄酒，你可以試試啊！雖然不怎麼好喝。」她以酒友的身分提醒我。不知道喝到第幾杯啤酒，她突然說：「緬甸繞一圈，你會想念Strand的，這裏是我在東南亞喝酒最開心的地方，而且我明顯的知道，這樣美好的日子不會維持太久。」

兩個禮拜後，我回到仰光、走回The Strand。不等我開口，Daniel就已經在酒杯倒好了曼德勒蘭姆酒、放入冰塊、檸檬，像是對待一個返家的孩子，儘管我根本就沒在這個旅店住過（據說The Strand Hotel一直在滿房狀態，而且貴得不合理）。進來，是因為要道別，也是為了要消消這兩個禮拜晃蕩的暑氣。Daniel說：「最近日本商人來很多，天橋那裏的工程他們標去了，應該會蓋一棟很高很高的樓吧！」在矮矮的旅館裏討論著之後城市的摩登樣貌，非常科幻，但又覺得這科幻將來得很快很快。碰！又跳電了，酒吧陷入昏暗、緊急照明燈亮起，沒人驚慌、無人尖叫，因為這是常態。然後，老舊的發電機啟動、冰櫃啟動，像被電擊過復活一樣，繼續轟轟的運轉著。

離開時，買了一瓶曼德勒的蘭姆酒，試圖延續緬甸的味道。只是緬甸近年以登陸月球的速度發展，最近去的朋友都無法體會我在2012年在仰光看到的緩慢與悠閒。那應該是不會重來的時光了，然而，The Strand Hotel的周五Happy Hour依舊，它就像酒吧書架上過期多年的報紙精裝本，試圖以一杯又一杯的酒精留下老時光的印記。🌡

上：據旅友回報，緬甸的火車很慢很搖所以很適合帶著啤酒一路喝過去，很快就會茫。

下：路邊的茶攤是仰光人最常吃吃喝喝的場所。

喝一杯Info

The Strand Hotel／www.
hotelthestrand.com／酒吧營業時間
10:00 am – 11:00 pm

先買醉，再買魚

這是我參加過最早的Party、
比上班時間還早，
這也是我最早在體內注入酒精的Party！

台上的中年Rocker高亢的唱著〈The Final Countdown〉，台下數百人拿著酒杯搖擺著，有的妝已經脫落睫毛膏暈染整個眼窩、有的早已喝得爛醉四肢無意識的整場飛舞、鑄鐵大門外賣的是早餐，有的男女拎著漁貨推著嬰兒車穿過搖搖晃晃的酒杯來參加搖滾盛宴。時間是早上八點。

睡眼惺忪的走進擁擠的漢堡漁市場，胃很空，但友人簡銘甫說要用酒精開胃才道地，看著滿滿人潮裏人手一杯，只好入境隨俗的點了氣泡白酒，加入這場晨間搖滾音樂會。這是我參加過最早的Party、比上班時間還早，這也是我最早在體內注入酒精的Party，「漢堡人的周末就是這副德性！」銘甫說。

德國人的血液裏根本就是酒精

聽說漢堡人的周末很瘋，所以便和友人搭著火車到漢堡，想要度過瘋狂周末。想像中的瘋狂應該是喝酒喝到飽、音樂旋律耳邊跳。在德國喝酒是輕而易舉的事情，各大超市都可以買到物美價廉的各式酒類。記得大學的時候第一次造訪德國，當時還不太敢直接喝自來水、執意到超市買礦泉水，結果發現啤酒比水還便宜，為了解渴，只好用金色泡沫解身體的渴。後來

帶我從柏林喝到漢堡的友人是舊貨達人簡老闆。

早晨以氣泡白酒開始一天,帶來清新
的氣息。

認識一個從小就移民到布萊梅的土耳其人Huseyin，他笑著說：「土耳其男人的身體裏流著的是很濃的茴香酒，但德國人的血液裏根本就是酒精、從小就開始灌溉，德國人普遍認為啤酒是飲料，不覺得他是酒類。」

若是要在德國喝酒喝到飽是不用大費周章地跑到漢堡，但若要感受眼神迷濛、陽光透過沾滿睫毛膏的眼簾穿過眼屎射進瞳孔、旁邊冒著早餐煎蛋的氣味、眼前的桌上都是酒杯的奇幻感，是值得到漢堡走一遭。一般人認為的「瘋狂」多半是發生在太陽下山後、華燈初上時，但周末漢堡甫入夜並沒有太濃郁的酒精味，頂多是餐廳擠滿了人、幾個眼神流露慾望的男子逛著有點俗氣的紅燈區。巷弄裏，沒有太精采的景致，Reeperbahn大馬路則是庸俗得讓人喪氣，披頭四的銅像被情趣商店、成人秀酒吧圍繞著。越晚，拎著酒瓶、邊喝邊觀望的人越來越多。但，我的漢堡之夜理應不是當紅燈區的遊魂兼觀察家。

翻翻各大夜店的節目單，場子都在晚上十一點才開始，我和友人只好一直在街頭閒晃到十一點，拖著疲憊的步伐走進聽說電音很電的夜店。沒想到這間火紅夜店的舞池裏不到十個客人，酒保懶洋洋的調著酒說：「半夜一點比較熱鬧喔！厲害的DJ那時候才來。」繼續喝著啤酒，看著舞池裏沒勁的舞姿，喇叭震天作響，但沒有人流翻騰、沒有眾聲喧嘩，場子冷得讓人無奈的一杯喝著一杯，越喝越清醒。本來要去夜店放鬆一下，沒想到夜還不夠深、夜店的靈魂也尚未鬆綁，在荒涼的舞池裏等待場子變熱的心情更是淒涼。夜店的身心折磨後，拖著沉重的腳步回到旅店，友人幽幽地說：「漢堡漁市場六、七點就開了，九點就收攤，漢堡星期天最有看頭就是這個。」

清晨，Fish Market，只為買醉到不省人事

躺在床上不到四個小時，擠進人潮擁擠的漁市裏，我單純的以為是在地人起得早來搶購新鮮漁貨，沒想到是人手一酒杯在市場的舞台下搖擺。我問

上：早上不到八點，漁市場就擠滿滿的人，這些人多半從紅磚色那棟建築參加完晨間派對喝完酒走出來。

下：披頭四在漢堡的紅燈區顯得黯淡。

站在我身旁醉醺醺的男子：「你幾點來啊！那麼早就喝得那麼醉？」他晃頭晃腦的說：「我剛到，從兩點多跑趴跑到現在，這是最後一攤，跳完舞就可以回家睡覺了！」

原來，漁市場是個幌子（戶外區真的是在賣魚，不過室內區是飲酒趴），大家嚷著要去Fish Market只是要把肚子裏的酒精量衝到頂點，舞台上的樂團唱著八〇年代的金曲，舞台下的眼神則個個迷濛、嘴角上揚，跟著節奏胡亂擺動；微醺的少婦亦跟著節奏搖著嬰兒車，小嬰兒吸著酒精的氣息安穩的睡著。靠著牆的小攤子有如取之不竭的水源地，啤酒、氣泡酒、紅酒、白酒一直往外送。站在這條酒精輸送帶上的我，只好入境隨俗的繼續拿一瓶氣泡酒打開清晨八點的腸胃。如果說飯後的甜點是另外一個胃來運作，清晨空腹喝著酒應該和借腹生子有異曲同工之妙，那樣的氣氛下，完全不覺得身體是自己的。

九點，周日漁市場演唱會結束，工作人員開始收音響、收樂器，搖擺的人潮才甘心的準備迎著旭日踏上歸途。收著酒瓶清著桌椅的大嬸看我精神還不錯，笑著說：「你一定是觀光客，以為來這裏吃海鮮早餐吧！道地的漢堡周末夜玩法是從半夜開始玩樂到天亮，再到漁市場聽Live Band、醉到不省人事，接著再睡到天黑。」

「要不要吃個早餐暖暖胃」朋友問。
「喝得好飽啊！想回旅館睡回籠覺補眠」我說。

能和上百人以喝酒開始這一天，讓人想保持整天的純粹，讓這份酒精飽足感延續24小時。

上：漢堡漁市場除了酒，真的有魚。

下：太清醒的人到漢堡漁市場會顯得
格格不入。

乘著 Savanna 的泡泡，搖撼金色波札那

如果拉車旅行是一個移動的酒吧，再長程的拉車我都無怨無悔。少了Savanna陪伴的非洲卡車之旅，只會變成乾燥無聊的公路考察之旅。

我向來不喜歡喝甜的酒，尤其喝起來像汽水的酒讓人感到沒勁兒，它們輕飄飄地劃過舌頭、滾過喉嚨，然後無聲無影，這樣不留痕跡的酒，最終落入可有可無。可是人在不同的地方，身體五感真的有不同的需求，我是在第一次的肯亞旅行愛上了甜甜像蘋果西打的Savanna，然後就把這金黃色的氣泡酒飲和非洲畫上了連結，彷彿只有Savanna才能解非洲的渴、消非洲的熱、讓坑坑疤疤的路好走一點。

我對順口且女性化的酒的歧視，在非洲完全大逆轉，或許應了一個領隊曾經說的話：「人在異地因為陌生感，智商會降20%。」我想我在非洲智商應該降50%。

肯亞看動物之旅是非常悠閒的旅程，旅人的目的就只要看動物，什麼事情都不用想。一回到草原上的帳棚旅館或度假旅店，永遠有冰鎮好的飲料等著遊客，紅白酒更是不虞匱乏。只是每次Safari完回到旅店，都期待喝有氣泡的飲料，紅酒與白酒太過冷靜，啤酒又豪邁的跟帳棚旅店優雅的氣息不合，而酒標上畫著一棵刺槐的Savanna在夕陽的光輝下有著金黃的色澤，於是成了首選。侍著幫我開瓶，然後在瓶口塞了1/4顆的檸檬。就著餘暉，看著遠方的刺槐，食指觸碰著瓶上的刺槐標誌，身體就像跟非洲原野通電一樣，微甜的氣泡混著檸檬的香氣與酸氣，成了非常適合溶進夕陽裏的飲品。眼前的落日就像喝Savanna會呼出的淡淡蘋果氣息，既清新又輕盈，承諾明天又是美好的一天。

肯亞看動物的旅行就像《遠離非洲》電影般優雅卻脫離現實，每天被伺候的好好的，在充滿衝突性的非洲大地裏卻奇妙的過著與世無爭的日子，Savanna更增加了旅行的甜美。至於，我一開始設想的「野性」非洲，除了在草原上看到獅子吃斑馬、獵豹撲殺羚羊、馬拉河的鱷魚把過河的牛羚割喉扭轉碎屍萬段外，旅人的飲食起居一點都不野。過於安逸的時光讓人不免揣想如果是一趟很狂野的非洲旅行，應該是很不一樣的風味吧！

上：搭卡車在波札那旅行，一見到體積小那麼多的獵遊車還有點不習慣，卡車對他們來說是龐然大物。

下左：車上的儲藏空間一定要有一區擺酒才會安心。

下右：此款南非啤酒頗受同車旅人喜愛。

幾年前，聽聞一個女性朋友在非洲搭卡車、一路穿過非洲大陸，走了一個月，後來還在辛巴威的維多利亞瀑布泛舟、不慎翻船，差一點淹死……諸如此類的冒險故事總會引起我神往，佩服對方的勇氣，自己也在腦海裏編織起一路搭便車、獨闖非洲大陸的情境。不過隨著年齡的增長，越來越怕死，還是想以較安逸的方式認識一個地方，拖著行李在非洲搭便車旅行，已非我想在非洲扮演的戲碼。現在反而會無聊的擔心：如果這樣搭便車旅行，就沒辦法放心的喝酒了！

來一趟狂野的非洲卡車之旅

我沒想過卡車旅行也是一種旅行方式、沒料到卡車穿越非洲大陸也可以是一種旅遊商品。在經歷過幾次舒適的肯亞看動物之旅後，突然有機會走一趟南非卡車旅行公司Drifters的波札那行程，標榜從南非到辛巴威全線卡車加露營，聽起來就很搖滾，還沒飛到南非搭車我就很High。

這絕對是熱血的旅行方式，風塵僕僕是一定要的、鎮日拉車是一定具備的、拋錨修車也是不會短少的戲碼。如果你可以忍受每天超過十個小時的拉車、可以忍受天天吃著簡單的食物、可以忍受車子沒有什麼避震系統放任身體跟著路面一起擺動，你就適合搭卡車旅行，而且也證明，你還年輕。當然這樣的旅行，少不了一箱又一箱的酒隨行，每當卡車在凹凹凸凸的路徑上跳動時，後車箱的酒瓶也跟著匡匡作響，成了一路讓人心安的聲響。

其實卡車旅行就像搭郵輪，卡車就是一艘船，帶著旅人在陸上行舟，尤其闖進非洲內陸，道路多半滿目瘡痍，搖搖晃晃的車體就像搭船一樣，廣袤的原野與海洋無異。卡車旅行的餐飲全包含，只是要旅人自己烹煮（卡車公司會準備好食材，原則上司機兼大廚，但看「大廚」的身手會讓人忍不住自己動手做）；卡車旅行的住宿全包，只是要旅人自己搭帳棚。它不像郵輪不用搬動行李，而是要每天把行李打開、收起來、搬下車、搬上車，

上：卡車闖蕩波札那是一件頗過癮的
事情，雖然沒看到很多動物，風景變
化也不大，但過程很特別。

下：修車也是卡車之旅的必要環節。

只是保證你每天睡的帳棚是同一頂。它和郵輪一樣每天晚上有Show，只是秀的主角是車上的旅人們，大家圍著營火，有一搭沒一搭的聊著，一時興起會談彈著吉他唱著唱歌，背景的布幕是滿天的星斗，特殊音效則是不時傳來的黃鼠狼嚎叫聲。

除了像郵輪，它更像一個移動的青年旅館，只是旅館出入的人是相同的，十幾個來自四面八方的人，一起搭著大卡車闖蕩未知的世界。舟車勞頓的旅行方式往往淘汰了中產階級、簡單的餐食住宿環境也淘汰了大部分好逸惡勞的社會中堅分子，卡車旅行是和背包客的氣質相呼應的。不少背包客因為不敢獨自旅行非洲，或是認為非洲國家的大眾交通工具太難依靠而選擇卡車旅行、相伴上路。它可以說是粗獷版的遊覽車，只是車上坐的多半是狂放的靈魂，在原野上很容易迸出火花，相吵也好、相愛也好，都是卡車旅行常見到的風景。而隨車的酒瓶子們，更是卡車旅行必備的要素。

千里拉車還是需要有點厚度的酒

那一梯次波札那之旅車上有十一個人，因為費用不便宜，車上的旅人並非我當初所想的一票青春少年兒，而是有一定收入、熱愛嘗鮮的壯年族群，有德國女醫生、瑞士醫護人員、阿根廷google工程師、剛離開美國運通旅行社的澳洲女經理……一行人在同一個時間點一起度過兩個禮拜的波札那晨昏歲月。每到超市或是小商店等補給站，大夥兒紛紛跳下車，不約而同地開始搬酒，阿根廷工程師搬啤酒、德國女醫師則搬南非特有的Pinotage、澳洲女經理因為擔心車子晃動太厲害震碎酒瓶所以搬利樂包式的智利紅酒數盒，其魄力就像要搬五公升的飲用水般震懾人心。

我則反射性的搬貨架上的Savanna，來自南非的司機兼導遊Neil幫我把Savanna搬上車，他說：「你之前有來過南非嗎？怎麼會搬這款蘋果酒？」我笑著說：「我是在肯亞喝到的，覺得很適合非洲。」Neil笑著說：「台灣有賣這個嗎？這是南非女孩最喜歡的酒款，甜甜柔柔的，他們還出一種

波札那Okavango三角洲的暮色非常
迷人，邊喝酒邊看夕陽是每天最重要
的時光。

light，只有3%的酒精，完全就像蘋果西打，但比蘋果西打好喝。」我當然是搬dry的Savanna，畢竟千里長途拉車還是要有點厚度的酒。

兩個多禮拜在卡車上的日子，穿過筆直的公路、更多的時間則是在泥土路上載浮載沉，非洲的風、沙、陽光一起收納在行囊中、染在皮膚上。沒有看到像肯亞、坦尚尼亞那麼眾多的野生動物，可是每天都有美到只能屏息的夕陽、以及塞滿穹蒼的星空。起初嫌沉重的帆布行軍帳、到後來越搭越順手，帳篷很重、不過也因此睡得很安穩，掀開帳篷的窗戶、天窗，星子、月光天天閃耀在睡夢中。環繞叢林的，是各式各樣的動物聲響，河馬聲、大象聲、獅子的嘶嘶聲，大自然的運行就在吐納之間。

雖然天天移動，但每每紮完營、擺好餐桌就是我們十一個人的Happy Hour。如同儀式般，大夥兒端出自己服用的酒精性飲料，面對夕陽的方向，用著鋼杯一一飲用。而我手中透明玻璃瓶的Savanna，在鋼杯群中特別耀眼，喝著它，很容易因為金黃色的液體而移情到沐浴在夕陽微光中，一解露營期間要省水以至於洗澡特別拮据的限制感。而Neil總會貼心的從他多準備的檸檬裏，幫我切一片，讓我可以塞進瓶口，享受有如雞尾酒般的落日調酒，德國女醫師說：「你的Savanna就像夕陽酒吧開張的信號。」儘管這趟卡車越野之旅冷藏配備不夠導致於我的Savanna蘋果酒都處於室溫，但在波札那卡拉哈利（Kalahari）沙漠區日夜溫差大，入夜後冰涼的空氣是天然的冰桶，夜裏的Savanna喝起來更是爽口。

日落後就是很深很黑的夜，儘管燃著營火，但躍動的火花反而顯出夜的騷動。吃完Neil煮的晚餐、幫忙收拾完餐具後，大家還是會圍成一圈，繼續聊天、喝酒，Neil則會彈著吉他。當時他才23歲，就必須要會開卡車、修車、烹飪，還要認識動物植物歷史與星象，入夜大家圍在一起喝酒的時候，是他最放鬆的時刻，琴弦在酒精的催化下是斷斷續續的即興表演。那時是Cold Play最紅的時候，Neil每晚都要唱幾首他們的歌，〈Every Teardrop is a waterfall〉在荒野的夜裏聽來就像要鬧洪水般煽情，掌心握的Savanna越來越

上：傍晚紮好營後，大家開始圍爐暢飲。

下左：早晨都在蛋香中醒來。

下右上：紮營、就定位是我們每天固定的工作。

下右下：升起營火後就開始Happy Hour，大家各自放鬆。

冰，在波札那的夜裏是奇妙的清醒，連星星的影子都看得透。

旅程的終點是穿過波札那、辛巴威、尚比亞的國界，進入辛巴威，在辛巴威維多利亞瀑布前大家各奔東西，有的要繼續往北旅行、有的要去尚比亞當志工，我們離開了卡車式的移動酒吧，在鎮上的酒吧喝著再見酒。侍者遞來的酒單琳瑯滿目，我還是點著Savanna。甜甜淡淡的的Savanna在瀑布磅礴的水氣旁顯得若有似無，它的氣泡比不過瀑布飛濺來的細小水珠，越喝越覺得黏膩。

我知道，該是離開非洲的時候了。

後記

再次看到Savanna是在往南極大陸的船程中所停靠的福克蘭群島首府史坦利港，大夥兒在小鎮超市買齊之後在南極闖蕩的飲品，拿完幾瓶Jameson後，瞥見貨架上有Savanna，隨手拿了一手。這個屬於非洲的飲料，竟然在冰冷的南極大陸招喚我，碰觸著瓶身的非洲刺槐，在被稱為白色沙漠的南極，我想起地球另一端的沙漠。

一路乾燥的旅程在水很多的維多利亞
瀑布旁結束。

聽著Fado唱下去

走在里斯本上上下下的石板路上我很怕跌跤，酒精加上法朵（Fado）音
樂的交互作用讓人很容易腿軟、心碎，迷失在酒館林立的巷弄。

因為不喜歡味道偏甜的酒，儘管知道葡萄牙是波特酒主要的產地，但也不會因此特別去造訪Porto或暢飲Porto。波特酒對我來說是和點心、甜點畫上等號，做甜點或醃蘋果時拿來為果實浸身。因此，抵達里斯本時，並未意識與預料這是一趟和酒精難分難捨的旅程，心裏想的只是單純的去造訪妄想很久的法朵小酒館，聽著樂手吟唱生命之詩。

沒錯，是電影《里斯本的故事》把我推進了葡萄牙，電影裏「聖母合唱團」泰瑞莎的歌聲唱進心坎，有一陣子他們的專輯是我入夜後相伴的音符，後來才知道這種碰觸靈魂深處的葡萄民謠叫做Fado（法朵）。人聲加上葡萄牙吉他就成了闡述生命故事的歌謠，聆聽者在哀傷的歌詞中一次又一次的療傷。

我沒有太多傷痕可以治療，初抵里斯本的我，飢腸轆轆的鑽進一家擠滿人的小餐廳用餐，點了前後左右的食客都點的海鮮飯，並加點了一杯紅酒。「我們沒有賣一杯紅酒喔！你可以點1/2瓶裝的，375ml。」服務員說。我愣住了，一餐飯一個人要喝掉正常紅酒的半瓶，對我來說有點壓力。但一瞄酒單的價格，半瓶裝的紅酒價格才4到5歐元，幾乎是許多地方單杯紅酒的價格。便宜的價錢讓人爽快的點了瓶佐餐酒，況且人人桌上都有一瓶，在這樣的餐館裏不與眾人一起「瓶」光交錯，似乎有點孤單。

端上的海鮮飯是一鍋、擺上餐桌的酒是一瓶，葡萄牙的旅程就這麼注定要大吃大喝。類似海鮮粥口感的海鮮飯比西班牙海鮮飯更貼近東方人的胃，而一餐飯一瓶375 ml的紅酒，根本也不嫌多，配著餐、配著足球賽、配著好意的老伯伯們的問候，不知不覺就乾杯。「我們葡萄酒好喝又便宜，基本上我們一天都喝超過一瓶（750ml）以上。」吧台的甜點師傅說。我說：「我很少喝到葡萄牙的葡萄酒，相見恨晚。」他笑著說：「應該是很多都被我們自己人喝掉了，所以外銷到台灣的很少吧！」

微醺的穿越阿法瑪區（Alfama）錯綜複雜的巷弄，就著下午三點半的陽光，

葡萄牙海鮮飯比西班牙來得溼、多湯
水，是極佳的下酒菜。

緩緩的循著處處噴滿塗鴉牆面的階梯想走到港口。要搭渡輪去哪裏我並不在意，只覺得微醺的時候可以隨著河水漂流應該是一件身心合一的事情。坐著渡輪橫越Tejo河，臉頰熱熱紅紅的，不知是太陽曬的結果，還是酒精持續發酵。

登岸、在廢棄的廠房間亂逛，漁民自顧自的在敲打船身、修補魚網、修繕房屋，這個國家從大處到小處都在修理，可是修理的過程是那麼的詩意，發散神韻的陽光佐著微醺的眼，看出去的修理都是一個又一個工藝作品的創造。轉進港邊超人氣的海鮮名攤，老闆亮出生猛的螃蟹、蝦子讓我挑選，而我點的卻是最廉價卻也是最常民的烤沙丁魚，一盤上桌，肥肥的五條，理所當然的也來了一瓶白酒。就著樣啃著沙丁魚、挑著魚刺、看著船來船往、喝著白酒，靈魂也跟著Tejo河一起晃動。

夜晚十點以後是屬於Fado的時光

天黑了，該是轉往Fado酒館了。行旅葡萄牙，才明白Fado的葡文意義是命運，命運之歌注定千瘡百孔而且要越夜越吟唱才能貼近生命的本質。所以Fado酒館往往深夜十點以後才開始營業，真正唱得酣熱，都是午夜以後凌晨之前的情景。 原以為「聖母合唱團」是葡萄牙火紅的樂團，沒想到在里斯本幾乎都沒聽到聖母的歌聲，在Fado House林立的老城區阿法瑪街頭巷尾聽的都是Fado天后Amalia Rodrigues的唱片、不少小酒館還掛著她的海報，據說1999年Amalia過世時，舉國哀慟、頓失精神支柱。比較時尚的小酒館則放著新Fado女王米詩亞（Misia）的專輯，行雲流水的唱腔唱出了命運和愛情的無奈。

在里斯本的時光幾乎每天晚上十點以後都會周旋於不同的Fado酒館，聆聽屬於葡萄牙的靈魂樂。酒館多半不大，有的甚至只有三桌，近得可以聽到歌聲中的嘆息、看得見眼角的淚光，聽Fado時，多半時候很安靜，人人手中一杯酒，是靜靜面對自己靈魂的時光，然後看著酒杯裏的酒淚，黏稠的

上：里斯本不管是餐廳或是酒吧飲酒
氣氛極佳。

下：葡萄牙的陽光像烤餅一樣讓人一
路微醺，再加上美酒相伴，是暢飲的
旅程。

緩緩流下。

然而，我聽到最動人的Fado不是在里斯本的酒館裏，而是在北方的大學城科英布拉（Coimbra）。科英布拉是歐洲知名的學區，該地的大學是歐洲四大古老大學之一。在參觀完壯闊書海的喬安娜圖書館後，大學生Maritza問我晚上要不要一起去聽他朋友唱Fado，她遞給我的紙條上寫著A Capella，然後畫著一個教堂。月亮時間十點，我穿過幽暗的巷道、爬著這個古城沒完沒了的樓梯，在覺得自己已經快到荒山野嶺的瞬間，突然看到A Capella這個字眼，這字依附的建築是一個教堂。

走進小「教堂」，沒有十字架、沒有基督像，原來祭壇的位置放著一架平台鋼琴，Maritza說：「以前這真的是個小教堂，後來教堂廢棄了，就成了科英布拉表演Fado的舞台，有時候這裏也會有搖滾樂表演。」還有什麼比在教堂空間裏聽Fado更貼近靈魂的？點了一瓶酒、配上一盤葡萄牙火腿，兩把吉他開啟了淨心之旅，男歌者詠唱了四季、歌頌了愛情、吟唱著死亡的無奈，情緒跟著他的歌聲千迴百轉，略帶沙啞的嗓子見識了命運的滄桑，在那一刻我終於懂了Fado為何叫做命運。

我和Maritza沒什麼交談，靜靜的一杯又一杯，在歌聲與酒精裏，心領神會，不同的命運在小小的教堂裏不斷的撞擊、結合、撞擊、結合。杯中的葡萄酒升起熊熊的火焰，在很深很深的夜裏試圖淬鍊出生命的真相。

後記

回台灣沒幾個月，Fado新天后米詩亞來台開演唱會，我滿懷希望的去朝聖，但頗為失望，她唱得非常好，只是Fado到底是屬於小酒館、屬於底層人生的，當在偌大的國家音樂廳吟唱Fado時，屬於命運的靈魂性消失在華麗大舞台與雍容絨布椅間，少了葡萄酒陪伴，靈魂不見了，葡萄牙顯得更為遙遠。

上：科英布拉大學城裡的小教堂變身為表演Fado的小酒館，教堂和酒館的結合讓人眼睛一亮。

下左：葡萄牙的火腿一點也不輸西班牙，搭酒極品。

下右：里斯本老城區入夜的巷弄裡都可以聽到Fado的歌聲，露天的聽歌喝酒情境非常愜意。

喝一杯Info

· A Capella／Rua Corpo de Deus-Largo da Vitoria Capela Nossa Sr da Victoria 3000, Coimbra／+351-239-833985／www.acapella.com.pt

伊斯坦堡

Istanbul

伊斯坦堡有千千萬萬個屋頂，在黃昏時分總會看到人們在晾衣架下、坐在板凳上、拎著啤酒、痴痴地望著海的方向

「**夏**天沒有人要待在室內，大家都要到陽台喝酒聊天。」剛結束杜拜七星級旅館的工作回到伊斯坦堡上班的Suzan說。談起杜拜，她猛搖頭，她說：「那是賺錢的地方、不是生活的地方，應該沒有外國人想在杜拜待上一輩子吧！生活、喝酒哪比得上伊斯坦堡。」

坐擁在歐亞的交界處，還有哪個城市的氣勢比得上伊斯坦堡、能擁有盡攬歐亞風情的視野？東方的、西方的、亞洲的、歐洲的、伊斯蘭的、基督的、傳統的、時尚的全部在博斯普魯斯海峽與金角灣畔交融，從老城區過了Karakoy大橋到新城區，從Beyoglu鑽進Çukurcuma，或是闖進西化到極致的Nisantasi，氣味不同、節奏不同、眼前的色彩也大不相同。帕慕克（Pamuk）筆下的「呼愁」從清真寺的尖塔延伸到巷弄間的栗子攤、烤肉攤以及放肆嬉戲於街角門縫窗花間的街貓裏。在這樣的城市裏，人人都有戲、也會情不自禁的彰顯內心戲，喝酒成了招喚戲魂的儀式。

前前後後去了伊斯坦堡五趟，每次去的目的不同，但不變的是，每到黃昏的時候，就會情不自禁的想找一個屋頂喝一杯。初次在伊斯坦堡溜達時，習慣在一天的終結買幾瓶Efes啤酒，一路爬到伊斯坦堡大學和蘇里曼清真寺之間廢棄的牆垛，看著夕陽、在霞光中為一天的旅程告結。有一天我依然坐在廢墟的牆上、望著夕陽，開咖啡館的Anuy問我要不要去旁邊公寓樓頂上喝，他說：「傍晚都看見你在這裏，到屋頂上告別一天吧，伊斯坦堡人到黃昏的時候都是找一個屋頂和一天告別。」

爬上窄窄的樓梯，到了公寓的屋頂，屋頂有三張小桌子，其實是一個小小的酒吧。高了幾層樓看出去的風景迥然不同，蘇菲亞大教堂的尖塔就在眼前、藍色清真寺的喚拜樓有著海峽映著，Sky Fall裏頭Daniel Craig帥氣飛馳的大市集即在眼底。向晚的涼風襯著冰鎮的啤酒，不到台幣一百元就享受旅行的幸福感。Anuy還在吧台旁架起烤肉架，開始烤著羊肉串，肉香、煤炭的氣味、啤酒的溫度、Indie的音樂，交織我的第一次屋頂經驗。

點瓶白酒靜靜的看著這個城市墜入黑
夜是一大享受。

現在想想，那個屋頂的場景其實是極普通的，但就是因為換了一個高度而有了全新的視野，也在那一次，我發現除了這個屋頂，伊斯坦堡有千千萬萬個屋頂，在黃昏時分總會看到人們在晾衣架下、坐在板凳上、拎著啤酒、痴痴地望著海的方向，是一幅幅迷人的靜物畫。

我從伊斯坦堡的百萬里拉時代一直玩到現在幾乎是歐元般的消費，從破落的屋頂一直喝到奢華飯店的頂樓。在平價的年代，到樓頂上喝一杯就像去借廁所一樣簡單沒壓力；但當越來越多厲害的旅館進駐、商人發現樓頂大有商機後，路旁的Roof Garden、Terrace Bar（露臺酒吧）的指標越來越多，彷彿每個屋頂都是搖錢樹。

看好伊斯坦堡特殊的地理位置與獨特的城市情調，奢華旅館紛紛進駐，他們修復了舊宮殿、老監獄、古別墅，成了一晚破萬的旅店。捨不得花大錢去住大門彷彿有御林軍的酒店，但搭電梯到宮殿城堡的樓頂沾點富貴酒氣我是付得起的。這幾年去伊斯坦堡便開始習慣與友人約在頂級飯店的樓頂，用酒資換貴氣旅人的好視野。曾經到上海工作的Hana說：「在頂樓喝杯調酒台幣400有找，哪像瘋狂上海的外灘飯店，一杯調酒又貴又難喝。況且，上海的景觀怎麼跟伊斯坦堡比！」

在金黃色的泡泡裏目送著伊斯坦堡走進夜色

我們站在從老監獄改成的Sultanahmet四季飯店的頂樓天台Ayasofya Terrace喝著啤酒。飯店並非在老城區的制高點，但這個天台卻有絕佳的視野，蘇菲亞博物館的拱頂毫無遮攔的就在眼前，比到教堂前的廣場拍還清楚；藍色清真寺的尖塔則在另一端的天空伸展著，錯落著遠方清真寺的尖塔。天台的另一端則可看到博斯普魯斯海峽的出海口，海的對面就是伊斯坦堡亞洲區，站在歐洲大陸與亞洲大陸的交接點上，融合歐洲與伊斯蘭文化的古城精華就在眼前。就算得花台幣250元喝杯啤酒（不過配酒小點頗豐盛），也值得。因為酒資是飯店價，所以喝起來格外小心翼翼，每一口淡淡的酒精

在老城區的四季飯店屋頂酒吧可以用
一杯酒和蘇菲亞博物館致敬。

搭配的是磅礴的城市景觀，拘謹但心甘情願。

愜意的情境讓人著迷，竟心生嚮往的發願一定要找一個機會住進這樣的旅店，從日到夜喝著酒、望著這個大千城市。後來，我真的住進了伊斯坦堡的四季飯店，但不是舊城區的監獄風雲（只有65間房的旅店很難訂到房），而是位在新城區博斯普魯斯海峽畔的四季。海峽旁的餐廳Aqua永遠坐著七成滿欣賞海峽風情的旅人、瀕著海峽的游泳池則有悠閒的度假氣氛。比起Sultanahmet四季飯店監獄風情無法避免的閉鎖性，海峽旁的四季飯店則有飛揚、自由、開闊的氣息。

為了實現在屋頂看風景無限暢飲的夢想，我選擇皇宮建築的頂樓（3樓），在這個樓層的房間有私人的陽台（這種房型只有四間），躺在床上就可以看到博斯普魯斯海峽，坐在看臺的椅子上則能看到在海峽上來來往往、大大小小的船，德國籍的AIDA、義大利籍的MSC、不知名的郵輪，千千萬萬人在海峽上拿著相機對著伊斯坦堡、對著我的房間拍照。不時可以聽見進行海峽半日遊的小郵輪播著擴音器、對著海岸旁的飯店說：這棟三層樓建築原來是皇宮、現在則是伊斯坦堡頂級的飯店四季酒店……飄飄然的虛榮跟著氣泡酒一起冒起。

這真的是讓人捨不得出飯店大門的旅店。除了到旁邊的雜貨店買齊酒精飲料下酒洋芋片和核果，我就沒離開這個房間。每天傍晚五點過後，我會準時的待在陽台，看著天光在這歷史古城所起的變化，伊斯坦堡上百個清真寺所組成的天際線就在我眼前、博斯普魯斯大橋就在我右手方，目光正對的是亞洲區的房舍，海洋、船隻、別墅、萬家燈火構築起伊斯坦堡迷人的夜色。Efes一瓶又一瓶，像要把整個城市景觀釀進啤酒海裏一般，在金黃色的泡泡裏目送著伊斯坦堡走進夜色。明月高懸、映著海峽、伴著清真寺的讚頌聲，眼前的景致過於夢幻，下榻在隔壁陽台的旅人都忍不住探出頭跟我打招呼，然後我們感動的舉杯。

上：夏天來臨就代表屋頂酒吧要開張了，全城期待，下午就有人到屋頂酒吧喝酒賞景。

下左：伊斯坦堡喝酒的情境很舒服。

下右：用一杯酒和伊斯坦堡問好是走訪伊斯坦堡的儀式。

最近一次在伊斯坦堡屋頂暢飲是2012年在有老歐洲之稱的Beyuglu區，原本對下榻的老飯店佩拉宮（Pera Palace）充滿期待，心想在海明威曾下榻的老飯店裏絕對有迷人的喝酒氣氛，他向來最會找喝酒地方了。明亮的夏日裏，過往東方快車旅客喜愛賴著的Oriental Bar空無一人，因為大家都坐在戶外看台吹著海風喝著調酒，用大量絨布裝飾出的經典酒吧顯得寂寞。但戶外看台區，因為周邊高樓林立（曾經這棟旅館是伊斯坦堡最高的建築，擁有這個國家第一個電梯）反而沒什麼視野，像是德國的啤酒花園，沒情境只聽到隔壁桌附庸風雅的美國人嘰嘰喳喳的討論大市集的戰利品。我匆匆的喝完一瓶Efes，問酒保周邊哪裏的視野還不錯，他力薦旅館對面的Marmara Hotel，他說：「他們是這一區最高的旅店，我下班都到對面屋頂喝。」

漂浮在城市上空的孤島

過了馬路，瞧了一下外觀像辦公大樓的Marmara，其實對它不抱期待，但一出電梯，屋頂有如浮在城市上空的孤島，讓人驚豔。他的視野比看大景的名勝加拉達塔（Galata Kulesi）還好，根本就可以省下參觀門票錢直接上來用酒錢換伊斯坦堡的最佳視野。

下午五點，太陽仍有點高，但屋頂已經七成滿，不少是一個人的旅行者，坐在高腳椅上、獨酌、看著天色的變化。我點了一杯土耳其安那托利亞高原出的白酒，面向Karakoy大橋的方向、沉浸陽光的照拂，陽光讓臉發紅、酒精讓臉發熱、DJ放的音樂融化了人與人的疆界。坐在我旁邊的是從安卡拉來伊斯坦堡的Lisa，她是一個鼓手，特別來伊斯坦堡聲援公園要變成購物廣場的示威活動。她說：「來伊斯坦堡已經一個禮拜了，都在公園裏活動、表演，一直沒機會好好看這個城市，就上來透透氣。伊斯坦堡好美，但為什麼政府都看不到這個美，要把伊斯坦堡變成跟其他歐洲城市一樣充滿Shopping Mall呢？」

上：看到酒瓶叢林和都市叢林一起交錯就讓人心跳加速。

下左：佩拉宮的調酒調得不錯，只可惜天台沒有極佳的視野。

下右：在伊斯坦堡街頭可以用很平價的價格喝啤酒。

她點了一瓶白酒請我喝，她對於我來土耳其多次感到好奇，不過多半的時間我們都沒有說話，只是默默地喝著酒、看著星星的燈火從歐洲區亮到亞洲區，聽著飛機飛過、聽著清真寺輪流響起的禱詞。

天黑了，眼前是跨越歐亞版圖的夜景，屋頂上來越來越多找樂子的人，DJ放的音樂節奏越來越快，浮在城市上空的孤島入夜簡直要燃燒起來，已非能單純喝酒賞景的秘密天地。我們相視而笑的離開，走出電梯時，她說：「明天下午我們在公園有表演，你可以過來看看」我說：「好，我帶一瓶白酒去捧場。」

告別這個屋頂，其實就是告別了這一季伊斯坦堡的美好時光。沒有明天。當晚，土耳其政府決定掃蕩在Taksim廣場的示威群眾，出動水柱與催淚瓦斯；子夜時分，城市竄起的是警車的鳴笛聲和一陣又一陣催淚瓦斯的氣味。我住在佩拉宮裏，半夜三點仍有遊行的群眾從窗台下憤怒地走過，他們抗議政府的暴行、嚷嚷著總統下台，我想，Lisa應該也在其中。打開旅館Mini Bar的白酒，希望在人群中戴著防毒面具的Lisa平安。

第二天，廣場和公園都被封鎖了，我沒見到Lisa，也沒看到表演。再回到Marmara Hotel的頂樓，喝著白酒，眼前的城市風景是我截然陌生的風光，蕭殺的氣氛逼著我匆匆撤退，空氣中催淚瓦斯的嗆勁是那杯告別之酒唯一的味道。曾經開拓我視野與胸襟的屋頂，在這一刻成了告別的舞台。

喝一杯Info

伊斯坦堡旅館屋頂賞景酒吧

Four Seasons Sultanahmet／www.fourseasons.com/istanbul／+90-212-402-30-00

Four Seasons Bosphorus／www.fourseasons.com/bosphorus／+90-212-381-40-00

Marmara Hotel／taksim.themarmarahotels.com／+90-212-334-83-00

上：用酒瓶子迎接伊斯坦堡的黃昏。

下左：2013走訪伊斯坦堡的時候剛
好碰到他們占領公園的行動。

下右：占領公園行動有不少年輕人在
此露營過夜，他們很樂於分享生活與
想法，不希望公園變成購物中心。

和海明威一起買醉

Mojito + Daiquiri

摘下陽台盆栽初生的數枚薄荷葉，用在La Bodeguita酒吧買的小木棒把葉子搗碎、倒入 Havana Club 3年的蘭姆酒、灑點糖、擠了1/4顆的檸檬汁、倒進氣泡水、放入冰塊，用攪拌棒輕輕的轉動。冰塊清脆的撞擊著、薄荷葉的碎葉跟著小氣泡飛舞著，乘著Omara Portuondo的歌聲、飲著Mojito，我回到了哈瓦那。

在哈瓦那的時光，每天都會穿過掛滿床單與內衣的巷子、跨越巷子裏男孩們正進行的街頭棒球打擊賽，踏著Obispo的石板路到La Bodeguita報到。La Bodeguita是海明威在哈瓦那時最常光顧的酒吧，他甚至在酒吧的牆上寫著「My Mojito in La Bodeguita; My Daiquiri in El Floridita」。這句話，讓每個來到哈瓦那的觀光客都會來La Bodeguita喝一杯3.5CUC的Mojito（3.5CUC約美金3.5元），雖然價格比其他地方貴，但海明威傳奇讓人痛快買單。

Mojito

我總是下午兩點多來，坐在吧台，看著吧台裏的老先生手不停歇的用小木棍搗著薄荷葉，叩－叩－叩－的小木棍聲響配著門口街頭樂團的歌聲叩開了屬於加勒比海的狂熱，酒吧的空間很小，卻阻擋不了旅人情不自禁的舞動Salsa。踩踏、旋轉、踩踏、旋轉，吧台前的舞會從正午一直到午夜，Mojito一杯又一杯的下肚，吧台永遠像一條Mojito輸送帶，規律又俐落的生產著讓人迷醉、讓人狂喜的液體。空氣中瀰漫著薄荷的氣味與雪茄的香氣，時而清新、時而陳香，舞動的旅人熱情的跟我分享Cohiba No. V雪茄，在煙圈裏放任的沉浸哈瓦那的時光。吧台後的老人，依然叩－叩－叩－的攪動哈瓦那的風味。

Mojito成了我的古巴旅程中體液中的一部分，尤其Havana Club蘭姆酒的標誌更是旅程中的鮮明旗幟，酒標上的那個女神引領我走進菸田、跳入加勒比海、在古城Trinidad搖擺，我有如Havana Club部隊裏的一分子，在女神的指引下在這個島嶼的這個吧台晃盪到下個吧台。

Daiquiri

哈瓦那Obispo路的另一端就是El Floridita，他的酒單上當然也有Mojito，但是海明威的名言讓進來的人都喊：Daiquiri！吧台裏的老酒保也和La

上：La Bodeguita的Mojito成了遊客到哈瓦那一定會朝聖的地點，該店有時候一小時就賣出一百杯Mojito，服務人員已經是靠反射動作調酒。

下：Havana Club的蘭姆酒是古巴調酒的必用品牌，古巴的Mojito好喝據說就是一定要用這個牌子的蘭姆酒。

Bodeguita一樣，雙手不曾停歇，像啟動工作模式般機械地把蘭姆酒、冰塊、檸檬汁倒入冰沙機裏攪拌，機器嘰嘰哄哄的轉了好幾圈，倒出冰沙狀的Daiquiri，可能是因為要啟用電力，成本遠超過手工，一杯Daiquri要價約台幣200元，約是其他酒吧一般消費的兩倍。

當酒精變成了冰沙，就像法式料理餐與餐之間的Sorbet一樣，試圖讓你清清口齒，忘記上一道菜的記憶。清新的Daiquri真的很Fresh，冰涼的清空我的腦袋，讓人無神的看著眼前酒保機械化的投冰塊、打冰沙，無神的看著幾個美國人跑到吧台旁邊的海明威雕像旁，擺著奇怪的姿勢要和海明威合照；還看到一個韓國人，看了酒單被價格嚇了一跳，默默的闔上酒單，但仍不忘走到海明威雕像旁拿著手機自拍一張到此一遊照。

我可以想像他之後會跟友人炫耀：「你看，我去過海明威在哈瓦那最常造訪的酒吧，他的Daiquri很有名。」儘管他沒喝過，更遑論有沒有讀過一篇他的短篇小說。喝著像冰品的Daiquri，忘了他也是有酒精的成分，只有在酒保不斷的在眼前倒著有女神形象的Havana Club時，再次提醒自己這一路都處在蘭姆酒的世界。

左：海明威在哈瓦那住了七年，是這個城市最佳的代言人。

右：哈瓦那街頭到處可見車齡超過五十年的老爺車，各式各樣的古董車群像是哈瓦那最獨特的城市風景。

喝一杯Info

喝Mojito／La Bodeguita del Medio酒吧／Empedrado No.207

喝Daiquri／El Floridata酒吧／Obispo No.557

La Taberna de la Muralla酒吧／Plaza Vieja（老廣場上）

酒保Jeff說：「古巴的蘭姆酒是世界第一，盛產蔗糖的古巴造就高品質的蘭姆酒，不管是Mojito或是Daiquri都要用古巴蘭姆酒調才夠味，而且還要指名Havana Club出品的蘭姆酒。」實在是因為走到哪裏都是Havana Club，在哈瓦那的日子我一點都不覺得走進Havana Club有什麼門檻、有什麼困難。甚至發現在雜貨店直間買蘭姆酒與可樂自己倒進杯子裏調成自由古巴（Cuba Libre）的超值價可省下上15次酒吧的消費，自此以後，我的行囊裏放著方瓶裝的Havana Club，有如流動的酒吧。

在Malecon看完哈瓦那旅程的最後一抹夕陽後，穿越老城走到老廣場，廣場四個角的餐廳戶外餐桌都已經擺置妥當、燭光點亮，樂團的音樂也響起。在音樂最火熱的Factoria Plaza Vieja （Cervezas y maltas）找張椅子坐下，聽著澎湃的樂音，看著密密麻麻的酒單。

La Taberna de la Muralla是哈瓦那老城區知名的自釀啤酒餐廳，裏頭可以看到釀啤酒的機具和過程，來這裏的人幾乎人手一大杯啤酒，和在其他酒吧的Mojito風景不同。我依然點Mojito，不過，自釀啤酒店裏的Mojito強度更強、花樣更多，他們把氣泡水換成了啤酒，強勁的後韻搭配著震耳的音樂聲響催化舞動的靈魂，在哈瓦那的月光下，旅程跟著音樂交融成一片又一片的色塊，如同加勒比海的夕陽。

後記

回到台灣，才發現Havana Club並不普遍且價格昂貴，僅能以波多黎各出產的Bacardi代替，Bacardi是從古巴出走的品牌，至少曾經有哈瓦那的氣息。幾周前在德國法蘭克福機場，突然瞄到Havana Club女神的身影，激動的買了一瓶抱入懷中，一路呵護加勒比海的靈魂回台。
拿著小木棒叩－叩－叩－的搗著薄荷葉，如信徒般召喚哈瓦那，在廚房思念著加勒比海的古巴。

上：農民在倉庫的特調最猛,寶特瓶裏都是裝著蘭姆酒。

下：Floridita的Daiquri是冰沙版的Mojito,格外消暑。

古巴的酒精、音樂很容易讓人莫名的
起舞。

右上：入夜人人都要來一杯Mojito。

Recipe

Mojito

蘭姆酒（Rum）50cc
白砂糖1茶匙
新鮮檸檬汁5cc
新鮮薄荷葉10片
無糖氣泡水150cc

1. 在玻璃杯裏倒進蘭姆酒、茶匙白砂糖、檸檬汁、充分攪拌均勻。
2. 再放進新鮮薄荷葉，用小木棒邊搗邊攪讓新鮮薄荷葉變碎且和酒液混合。
3. 最後加入氣泡水，再放入數枚冰塊攪勻即可。

Daiquri

準備食物調理機（或冰沙機）
糖2大匙
檸檬半顆
櫻桃酒（Maraschino Liqueur）少許
碎冰1杯
蘭姆酒60cc

1. 把糖、檸檬汁、櫻桃酒、碎冰、蘭姆酒倒入準備食物調理機（或冰沙機）。
2. 然後打成冰沙狀，倒入冰凍過的杯中即可享用。

從德國南部一路被酒水淹到奧地利，大雨中，沿岸的民眾酩酊大醉，
雨、水、酒完全交融，多瑙河成了無邊無際的酒海。

Dear Arwin,

沒想到事隔半年，我又搭上了歐洲河輪，從比利時沿著河海交界慢慢地、慢慢地經過沿岸的城鎮，預計花四天的船程才會停泊在終站阿姆斯特丹。初春的比利時多雨且寒冷，不若我們之前去搭多瑙河河輪時陽光燦爛。陰鬱的天氣加上我的行李沒跟著飛機一起飛來歐洲，兩手空空的我不像其他旅人興奮的拉著行李進房間、把東西安頓好、開心的拍打卡上傳照，只能無奈地走到吧台，點杯愛爾蘭咖啡。交代完我的行李遺失沮喪感後，匈牙利籍酒保Sean貼心的在玻璃咖啡杯裏多加一盎司Tullamore Dew，讓濃郁的酒精可以稍微提升我失溫的情緒。

神往可以成天微醺的旅程，曾經有一年冬天開車在義大利托斯卡尼222公路想要一家酒莊一家莊喝過去，奈何不能酒駕，等到酒醒後再上路又被曲折的山路搞到胃腸翻騰一路吐過去。也曾經想要自己上演南法版山居歲月，為了喝酒特別請一個司機，旅費爆表到酒醒。多年來一直苦思可以安全又迷濛看世界的旅行方式，直到和你一起上了多瑙河的河輪，終於找到悠閒旅行又可以一路暢飲的完美平衡。我們一路從紐倫堡沿著多瑙河喝到布達佩斯，藍色多瑙河不再只是小約翰史特勞斯的團團轉〈圓舞曲〉，而成了通往狂喜的河道。

你知道我其實不是很喜歡搭郵輪，尤其動輒上千人的郵輪，把各式各樣的人串在茫茫大海上漂泊，看來熱鬧，其實更孤寂。特別是大船停泊的港口通常都是離市區有一段距離的商港，下船後還要搭接駁車才能去市區觀光，暢遊的心情常被貨櫃碼頭的忙碌搞得抽離，不斷被帶回現實世界。大型郵輪雖然標榜包吃包住，但卻沒有包喝，有限的酒單加上昂貴的價格讓人無法暢飲。還好這個世界上有河輪這個玩意兒，當時力薦我搭河輪的曹姐說：「船上有喝不完的酒喔，而且晚餐是餐酒式的安排，紅白酒任你喝。」聽她這麼說，我立刻答應去搭船，還拉了你當酒伴一路從紐倫堡喝到布達佩斯。

沿著多瑙河一路玩一路喝非常悠閒。

那趟多瑙河之旅簡直是用酒杯串起來的旅程，酒水的澎湃和窗外的河水一樣精采，每天早餐我們用氣泡酒開始了一天，中午狂嗑德南的巴伐利亞料理當然少不了該地區各式各樣的啤酒。下午則有穿著皮褲的巴伐利亞小酒廠的經理上船來介紹德國啤酒，我們邊喝邊聽著皮褲男說著：「若以地區來算巴伐利亞是全球啤酒消費最多的地方（因為若以國家來計較，捷克的啤酒消耗勝過德國，為了爭啤酒之最，巴伐利亞人很想脫離德國獨立）……」懶得記排名、懶得了解德國啤酒的製程，時光就在一杯又一杯的試飲中度過。

不同於航行大海上的郵輪常有一片蒼茫、環顧四周除了海卻不知置身何處的困惑，多瑙河的河輪有一種篤定，旅程就是沿著河道航行，從船艙望出去的世界即是尋常生活，慢跑的人、遛狗的人、在河岸旁翻滾的戀人，船上的旅人如同看著緩慢移動的歐洲大城小鎮風景。每到黃昏，我們總是坐在環狀吧台的10點鐘方向，夕陽從這個方向灑進來，整個吧台金光閃閃，酒瓶一一亮了起來，有如神殿。這裏是我們旅程中安身立命的地方，吧台中永遠保持著優雅姿態的塞爾維亞籍酒保Peja成了我們飲酒的軸心。

夕陽餘暉中，從啤酒開始酒精的旅行，陽光讓巴伐利亞的啤酒更加金黃燦爛，綿密如奶油的泡沫把喉頭都融開了。五點多，Happy Hour開始，1.7歐元到3歐元的紅酒與雞尾酒任君選擇，對於這麼一艘一天旅費約一萬五的船來說，這樣的酒錢便宜得不可思議。過去我不怎麼喜歡喝雞尾酒，總覺得喝不到酒味只是甜膩的糖水和冰塊，但念在超值便點起花俏的酒系。Peja身手俐落且乾淨，他調酒不似時尚酒吧般酷炫，而是在一絲不苟中藏著溫暖，當遞上酒杯時總會靦腆笑說著：「Hope you'll like it.」

上左：能邊喝邊悠遊多瑙河才是真正的流動饗宴。

上右：Peja每天要調出上百杯調酒，但他工作時滴酒不沾。

下左：船上的酒吧是不少人旅程中生活的軸心。

下右：巴伐利亞地區的啤酒商也會上船來分享他們的啤酒，由於產量少加上供不應求，許多小廠牌只在巴伐利亞地區販售。

從Gin Tonic、Martini、Metropolitan、Mojito到Long Island，Peja遞上的是一杯又一杯有層次的調酒，而非飲料，他的調酒讓我們在銀絲紛飛河輪旅行世界裏挖到了金礦，儘管每天晚餐都有多款紅酒伺候著我們，我們還是習慣餐後把自己釘在吧台，把酒單順著點反著點，直到舞池裏的旅人散去、琴師下班，多瑙河的河面閃著城市的燈火。站在圓形吧台中心點的Peja則看著我們靜靜的喝、傻傻的笑，世界就是這樣旋轉著。

在船上的Peja不喝酒，非常自律，他說：「船期結束，回到賽爾維亞的家才會開始喝。」我們在酒吧所追求的放鬆，對他來說是戰戰兢兢的工作。他守著酒吧，穿過北歐峽灣、直搗極地；他守著酒吧，航進加勒比海大大小小的享樂城市；他守著酒吧，見識私人島嶼富豪們揮金如土；他守著酒吧，看過一場又一場金權世界。他所待的船有著方圓一百公里內最頂級的食物，但他往往只想下船吃披薩或漢堡，他說：「這種東西在高檔的船吃不到。」Peja總是船上最清醒的人，永遠有著溫暖的笑容，偶爾眼睛放著電。在低伏特的電波裏，酒水和河水融合成難捨的流動饗宴，一路伴著我們從德國的啤酒故鄉到維也納近郊的Wachau河谷酒鄉、最後到匈牙利布達佩斯暢飲白酒……

在淒風苦雨的安特衛普，想到那趟多瑙河暢飲之旅，仍覺得不可思議。站在這艘比之前多瑙河河輪還要新穎的船上酒吧，我反而喝得很節制，儘管船公司願意幫船上所有的乘客負擔酒資、請了從阿姆斯特丹來的搖滾樂團，但仍燃不起我的酒興，只是禮貌性的點了杯Gin Tonic故作姿態。我身旁是來自世界各地日理萬機的旅遊業者，他們交換著彼此的經驗、市場的觀察、狀似熟稔的一杯接著一杯。你明白，每每在這種應酬的場合我總是異常清醒又手足無措，很想在眾人微醺時點杯熱牛奶。

沿著一條河流喝過去需要好的酒伴，如你，不會勸酒、不會藉酒壯膽講著第二天不想承認的話、不會有意的靠酒精拉近彼此的關係。好的酒友是放鬆且放空的，享受杯中物又能理解暢飲時光的言不及義，是沉醉在美好時

上：酒水包含在船費中的河輪之旅讓
人一路暢飲。

下左：Happy Hour的調酒一杯台幣
一百出頭，很划算。

下右：多瑙河河輪之旅當然少不了香
腸與啤酒的搭配。

光的酣然、也是共享迷濛時光的放任。當理想的酒友不在身旁，不得不拘謹起來。

船快到阿姆斯特丹時傳來多瑙河淹大水的消息，我們曾溜達的Passau小鎮被淹了一大半。由於那段旅程過於夢幻，淹水新聞的夜裏我做了一個夢，天真的以為德國南部和奧地利是被酒水所淹，大雨中，沿岸的民眾酩酊大醉，雨、水、酒完全交融，多瑙河成了無邊無際的酒海……

在北海邊，想著多瑙河、想起你、想起無限暢飲的旅程，下回，我們再跟著一條河、一路喝過去，用酒水記錄旅程、用酒精累積哩程，喝到世界的盡頭。

Info

搭河輪遊歐洲

Avalon遊輪公司，經營多瑙河、萊茵河、隆河等頂級歐洲河輪之旅，亦有亞洲、埃及、南美加拉巴戈相關的河輪產品。八天七夜多瑙河之旅約4000美金起（12萬台幣，不含機票）。詳情可上網www.avalonwaterways.com。歐洲河輪的季節約三月到十一月，聖誕節期間還有走訪聖誕市集的主題河輪。如同一般郵輪的規矩，越早訂、越多折扣。 台灣大腳旅行社代理Avalon等歐洲河輪產品，除了河輪的行程還加入沿線重要的景點旅遊，詳情洽02-2555-3055

上：多瑙河河輪會經過奧地利維也納周邊的酒區，沿河兩岸都是葡萄園。

下左：酒水與河水交融如畫。

下右：河輪由於大部分的酒錢全部含在船費裡，所以喝酒無須杯杯計較。

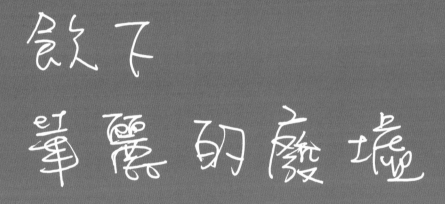

飲下華麗的廢墟

Robert說：「匈牙利的匈牙利文是Magyarország，這個字的意思就是
人。」在這個酒好又超便宜的國度旅行，的確比在西歐國家活得像人。

中文超級好的Robert是帶我打開匈牙利享樂之門的關鍵人物。我第一次造訪布達佩斯是參加中歐旅展的濕冷冬季，除了被帶去古典的義大利風歌劇院看《塞維亞理髮師》和爬上布達區的城堡，對這個城市一點也不了解。冬季的濃霧把布達佩斯遮了大半臉，它遲遲未醒來，我隨意步行都覺得這裏是頹圮的城市。前幾年因為工作的關係認識匈牙利人Robert，我跟他說起我對布達佩斯的無知，他笑著說：「布達佩斯越像廢墟的地方越有趣，你要勇敢的推開高高大大的門走進去，才知道裏頭的華麗。最好喝一點酒壯膽，你推厚厚的門更有力道。」

Robert住在中國北京二十年，過去喜歡北京是因為那個城市像個廢墟，往胡同裏走或是推開個爛門，就會看到另一個有趣的世界，城市的情調和樂趣有點像家鄉布達佩斯。然而，當北京開始籌辦奧運、舉辦奧運，整個城市開始大變形，也變得無趣，Robert最近便收拾包袱回到布達佩斯。他說：「很奇怪，我離開這裏很久，但這裏一點變都沒有，你恨它沒進步，但又慶幸它沒有進步。」

再訪匈牙利，驚覺這裏物價好便宜，尤其酒的價格便宜的不可思議，台幣300元可以買到很好的白酒，而且這裏的喝酒環境極佳。「佳」不是單指氣氛還指划算，就算在奧匈帝國時期宮殿風的建築裏單點一杯酒，價格差不多一杯咖啡的價格，台幣一百有找。奧匈帝國一延續到匈牙利成了平凡人都可以享受的帝國排場，市民公園旁蓋得像宮殿的建築，一推開門是大眾溫泉，雕樑畫棟依舊，收費約台幣500元就可以待上一整天；橋的另一端是五百年歷史的土耳其浴場，穿越歷史泡溫泉也只要400台幣。散步在精品林立的Andrassy大街、走進歌劇院對面的書店二樓，鋼琴的琴音流洩，忍不住往裏頭一探，驚訝裏頭又是另一個宮殿世界，壁畫、浮雕、鑲著金的雕飾，跨進那個界線就跌進十九世紀末的雍容風情。

在其他歐洲國家這種規模都要圍起欄杆收高額門票讓人參觀，在布達佩斯卻是人人可自由出入的咖啡館，坐在舒服的沙發上喝著加入鮮奶油的維也

布達佩斯是喝酒和行遊的天堂，尤其
夏天的葡萄酒節更是可暢飲多種酒
款。

納咖啡只要台幣70元。捧著咖啡、看著彈著鋼琴的老先生、感覺著篩進來的溫暖陽光，慶幸高貴歐洲城市還有這種撫慰人心的角落。

震撼於多樣的貴族排場，更欣喜於普羅的消費，在CP值超高的飲酒情境裏，當然要呼朋引伴的盡興喝幾杯。於是在解開布達佩斯城市密碼的一個半月後，我以匈牙利紅白酒物美價廉為誘因，把酒伴Arwin喚來布達佩斯，以酒鼻子感應這個城市。

一般人想起匈牙利酒都會直覺的想到托卡依酒（Tokaji），但如此香甜的貴腐酒並非我所愛，儘管曾經是十八世紀法國皇室的御用酒，甚至被稱為王者之酒，但我的甜酒味蕾遲遲未打開，因此托卡依酒並非品味重點，只有在品味物超所值的煎鵝肝時，才點了一杯來搭配。香甜的果香巧妙的平衡鵝肝的豐腴，延長了直接在口裏融化的鵝肝韻味，托卡依的氣息讓匈牙利鵝肝多了華麗的口感，這樣的滋味邪惡的勾人，擔心膽固醇加上害怕有腦中風的危機，我只好隱忍拒絕鵝肝的誘惑，既然拒絕鵝肝，當然托卡依酒也被我排除在酒單之外。即使知道它搭配甜點也是絕佳的選擇，但自從知道他與鵝肝可以擦出美麗的煙火，又怎能看得起它和蘋果捲之間那小小火花。當然，最重要的一點是，托卡依的價格比一般的匈牙利酒貴很多，在糖蜜上投資甚多不符合我們對匈牙利酒澎湃的期待。

書店裏隱藏著別有風情的咖啡館

雖然不喝托卡依酒，但是托卡依區（Tokaji是匈牙利貴腐酒名，它同時也是匈牙利的葡萄酒產區，位在和斯洛伐克交接處）作為匈牙利酒的重要產區，出產了不少優質的白酒，尤其口感比較dry的白酒很投我的胃口。第一次品味匈牙利的白酒不是在餐廳、不是在酒吧，而是在書店，Andrassy大街上的書店除了有形形色色的匈牙利文出版物（雖然匈牙利文的使用人口只有八百萬，但他們的出版業非常蓬勃），還有一區展示者匈牙利的酒。

上：布達佩斯的夜景非常迷人，搭配好喝的酒，是絕佳的度假地點。

下左：Tokaji是匈牙利重要的酒區，常可看到這個產區的酒。

下右：托卡依酒是大部分國人熟悉的匈牙利酒。

書店的二樓是咖啡館，本來只想喝杯咖啡，但瞥見Menu上有單杯紅白酒，而且價格和咖啡差不多，於是點杯白酒來嚐嚐。秋日午後，癱坐在書店咖啡館的沙發上、聽著現場的鋼琴演奏、慢慢喝著沁涼的白酒、看著天花板上古典的壁畫，身體輕飄飄的，咖啡館裏鑲金邊的裝飾都變得柔和起來。布達佩斯很適合喝酒，但是喝酒的地方總是很低調，誰會想到書店的咖啡館提供的就是讓人回魂的匈牙利風味。

初試白酒，是很舒服的邂逅，離開時便在書店買了一瓶帶回旅館繼續品味，店員幫我們挑了一隻價格中上的白酒，折合台幣才台幣200元，這種物價，讓人不由得的笑了。當然，我們也試了一些紅酒，但總沒挑到合適的，即使價格誘人，但單飲總少了點厚度，只有在配匈牙利牛肉湯（Goulash）才對味。只是秋日的布達佩斯是輕盈舒爽的，適合搭配沒有什麼心事的白酒。

衝著酒價便宜，買酒回我們位在佩斯（Pest）的旅店品味，是每到傍晚必須進行的儀式。為了能優雅的品酒，我們還鑽進了二手小鋪，買了一組水晶杯。當然在買完酒後，還要買一條Pick的Salami（臘腸）當最下酒小點，然後回到房間，放著自己喜歡的音樂，為完美的一天畫下句點。有時候，我們會到飯店的頂樓游泳池旁，躺在躺椅上、看著夕陽、看著這既破落又華麗的城市漸漸褪進黑夜裏。每每鳥瞰這個城市，總會想起夏宇十四行詩十四首裏頭的詩句：你是我最完整的廢墟。

謎樣的雙城記

被多瑙河劃開的布達（Buda）和佩斯（Pest）組合成謎樣城市布達佩斯，是名符其實的雙城記。布達多丘陵地、城堡、宮殿，有錢人都住在那一區，至於佩斯則聚集了城市裏好吃好玩的玩意兒，從我住的旅館散步五分鐘就是城市裏最熱門的廢墟酒吧Szimpla，Robert說：「布達佩斯的破房子很多，當大家避廢墟唯恐不及，有幾個年輕人卻找城市裏的廢墟來開酒吧、甚至

上：廢墟酒吧有很多小隔間，每個隔間就像一個自我的舞台。

下左：廢墟酒吧的戶外區很有蚊子電影院的氣氛。

下右：書店二樓可以喝酒的咖啡館非常華麗。

變成城市的小型展演中心，這家Szimpla是最具代表性的，他紅到在柏林開分店。」

走進這間傳聞中的酒吧，音樂震天、人和人是沒有縫隙的擠在一團，氣氛不像廢墟般的荒涼，而是瀰漫波希米亞的風格，在店內穿梭的不是型男潮女，而是大學生氣息濃厚的文青。儘管燈光昏暗，但仍可以看出酒吧內的所有佈置都是「撿來」的東西，每張桌子搭配的椅子都不是一組的，各式各樣的燈飾投射出喝茫旅人的臉孔，我被人潮擠到坐滿瑞典人的酒桌旁，金髮碧眼的男孩抽著水煙問我要不要喝一杯，然後興奮的留了email要我到斯德哥爾摩找他，他說：「我本來只想在布達佩斯待兩天，沒想到這裏太好玩了，立刻延長一個禮拜，唉！比起斯德哥爾摩，你還是留在布達佩斯好了。」

我很努力的逆著人潮游到吧台，台幣一百有找就有一杯紅酒或白酒。不想人擠人，我和Arwin往門口的方向去，坐在門邊的小沙發，瞧著每個進來找樂子的人，如同警衛。樂團的音樂忽強忽弱，有時候很爆炸，有時候又像眼前看到的破銅爛鐵大匯集，但樸拙主唱的歌聲不知怎麼的就像電鑽一樣鑽到我的腦海裏，他的曲風很老派，就在覺得很膩的時候，又有奇妙的力量讓人覺得可以再聽下去。

我們就坐在門口，遠望著舞台、慢慢地喝著酒、猜算著進門男女的年齡、職業、打量著別人的穿著……轉身離開已經是凌晨，音樂仍繼續熱鬧滾滾，門口的店員微笑的提醒我：「天亮的時候還有農夫市集，可以來逛逛！」不禁懷疑Szimpla是開24小時嗎？怎麼可以酒吧歇業立刻變標榜有機的農夫市集？那市集莫非也是賣酒？

我當然沒有早起去市集，但買酒這件事一直持續到在布達佩斯機場的登機門。不同於許多機場內的免稅商店價格都比城市裏貴了好幾成，布達佩斯機機場過了安檢門後的免稅店不管是酒類還是匈牙利鵝肝醬、臘腸，價格

上：佩斯區的夜生活非常燦爛，很多
有趣的地方可以去。

下左：廢墟酒吧呈現頹廢的氣息，一
切混搭，而且甚麼都便宜。

下右：在廢墟酒吧還是可以找到和友
人獨處的角落，沉浸兩人世界。

都跟市區差不多。一想到漫長的飛行少了美酒相伴的落寞（機上的酒有時候真的難以吞嚥），立刻買了幾瓶扭轉式瓶蓋的白酒帶上飛機，當然少不了幾包Pick臘腸作伴。

當繫緊安全帶的燈號熄滅，我們掏出在布達佩斯買的紫色水晶杯、扭開酒瓶、將Pick打開，望著外頭的浮雲，繼續延續著匈牙利的美好滋味，這樣的酒攤，比坐在頭等艙還醉人。

喝一杯Info

· 廢墟酒吧szimpla／www.szimpla.hu

· 華麗的書店咖啡館Bookcafé／Alexandra bookstore二樓，有賣咖啡、輕食、酒／Andrássy út 39, Budapest

· New York Café／www.newyorkcafe.hu／New York Café是行旅布達佩斯一定要來朝聖的咖啡館。成立於1894的New York Café，承襲歐洲老咖啡館的華麗傳統，廊柱、雕花、濕壁畫、鏡子營造出富麗堂皇的空間感。除了咖啡，這裏也有單杯酒可以品味。

· Robinson餐廳／www.robinsonrestaurant.hu／在城市的公園裏，靠英雄廣場，可面對池塘品酒，氣氛恬靜，煎鵝肝很好吃。

上：帶著機場買的酒和自備的水晶
杯，搭配著飛機餐，飛行變得愉悅。

下左：匈牙利的鵝肝醬很便宜，是划
算的伴手禮，可搭配Tokaji品味。

下右：匈牙利人除了喜歡喝紅白酒之
外，把桃子、李子做成白蘭地也很受
歡迎。

850公里的
暢飲路線

「那我們就一路從亞爾薩斯喝到托斯卡尼!」Mumu說。

「亞爾薩斯不是在法國,托斯卡尼不是在義大利?!」我說。

「是啊!歐洲不是都通嗎?隨便開開都是一國。」Mumu說。

「好啊!」我說。

2013年秋天，很隨性的答應了一個暢飲的旅行提議，從亞爾薩斯喝到托斯卡尼。我不是葡萄酒專家、也對研究每個酒莊的歷史、釀酒過程沒太大的熱情，所以若是邀約的題目變成波爾多紅酒考察、勃根地酒莊參訪，我勢必興趣缺缺。一家又一家的酒莊參訪，像是做題目、寫考卷，少了作為一個旅人的遊興與酒興；但若只是想趁著秋光，看看兩處酒鄉的風景、喝喝美酒、隨興的吃、隨意地開，聽起來就是很愜意的一路喝下去路線。然而，在這愜意路線展開之前，有一個不太愜意的使命：幫忙採葡萄。

如果沒有酒喝，千萬不要採葡萄

自從朋友Melinda在亞爾薩斯當酒莊農婦後，秋天到金黃的葡萄園採葡萄成了年度計畫之一。她移居亞爾薩斯五年後，我終於能在秋天飛去酒鄉找他，一圓採葡萄的「美」夢。

走出亞爾薩斯比松山機場還小的機場、跳上因為堆放沾黏葡萄汁液農具以致於洋溢葡萄氣味的農婦車，鄉居生活就此啟程。眼睛所見是一望無際泛著金黃色澤的丘陵風光，不同於以往前進法國總是以巴黎為出發點，這次直接從鄉村田野開始，旅行的氣氛迥然不同。在酒莊工作五年的Melinda說：「這幾天你看到的村子都會很小喔，很多地方都只有短短一百公尺的街區，葡萄農就世世代代的在一個小小的街區生活一輩子。」

延伸到天邊的葡萄園在眼前展開，不同於波爾多酒區的葡萄園是平坦的平原地形，亞爾薩斯的葡萄栽植在起起伏伏的丘陵地，用果樹標誌出山丘的皺摺與線條。世代都在亞爾薩斯釀酒、種葡萄的莊主Ben說：「由於我們位在法國的東北方，日照條件不像波爾多那麼充足，所以葡萄園一定要在山坡上才能曬到充足的陽光，這迫使我們必須在很多陡峭的山坡間工作，葡萄農格外辛苦，而且地勢也不利於機械採收，所以我們家到現在仍堅持手工採收。」

秋天的亞爾薩斯葡萄園呈現豐收的景
致，可體驗獨特的酒鄉文化。

或許是因為被基努李維《漫步在雲端》浪漫的葡萄園場景所影響，我一直以為在葡萄園工作是浪漫且詩意的事情。當自己穿上雨鞋、拿著花剪、拎著籃子將一串一串的葡萄剪下來時，不驚吶喊：電影果然是騙人的！採葡萄根本不浪漫，一邊要擔心手指不小心被花剪剪到，一邊還要忍受葡萄黏黏的汁液噴在手上衣服上的不舒服。採葡萄就是不斷的用花剪把成串的葡萄剪下來，看起來很簡單，但一整天不斷重複這個動作也很累人，尤其葡萄串高高低低，有時候要蹲腳、有時候要彎腰，收工之後絕對全身痠痛。Melinda笑著說：「你真的是抽到籤王了，這裏是法國最費力的手工採葡萄地點，其他產區多半是平地，亞爾薩斯是少見的要爬那麼多陡坡的葡萄園區。」

每到葡萄採收季就是葡萄園最需要人力的時候，以Ben經營Domaine Bohn酒莊為例，三個禮拜的採收期約需要十名葡萄工人來幫忙，Ben說：「雖是臨時工，但多年下來我們都有固定合作班底，大家每到這個時節就會從法國東南西北來此會合，還有波蘭夫婦會開車過來幫忙採葡萄，其實工資不高，可是卻是朋友相聚的好時光。」來幫忙的臨時工，有的從Ben的父親時代就來幫忙採葡萄，和酒莊有深厚的感情基礎，他們常常在最後一天領工錢時，又花一大筆錢買許多該酒莊的酒回家，從Evian來幫忙的滑雪教練Patrice就說：「其實並不是為了賺錢，而是很喜歡大家在一起的感覺。」

由於多數臨時工都是從遠方而來，酒莊主人多半會為葡萄工人準備這段時間的食宿和喝不完酒，大家長期生活在一起自然有感情。Ben有感而發的指出，葡萄收成需要人力，人力也會提高我們的成本，但這是必要的投資，因為人力才知道所採下來的葡萄品質好不好、是不是夠熟，這跟機器什麼都掃下來完全不同，而且亞爾薩斯的葡萄酒就是因為堅持這種傳統的採收方式才與別的產區在風味上有所差別，這裏的風土裏有重要的人味。

上：葡萄葉也會變紅，這是黑皮諾的
葉子，入秋後也會轉成暗紅。

下左：採葡萄就是一直用花剪剪下成
串的葡萄，從早剪到晚，目前亞爾薩
斯大部分仍以手工採收。

下右：雖然亞爾薩斯以白酒聞名，但
此區的黑皮諾品質亦佳，是頗受好評
的紅酒。

用漱口杯大口飲酒

亞爾薩斯的葡萄品種以格烏茲塔明那（Gewurztraminer）、芮斯玲（Riesling）為主，所釀出的葡萄酒是法國代表性的白酒風味。採葡萄的時候，看到肥美的葡萄還是忍不住拔幾顆來吃，飽滿的香氣和甜味打破釀酒的葡萄多半不好入口的既定印象。秋日的葡萄園因為四處到來幫忙的葡萄工而顯得生氣勃勃，儘管勞累，但是一想到有喝不完的酒，立刻忍住腿痠多剪兩串。通常一天的農忙有三個休息時段，一個是早上十點半的早茶、一個是午餐、另一個則是下午三點的下午茶，不管茶如何、餐如何，都會有酒莊主人提供的酒佐食，大家就拿著自己專屬的像漱口杯的塑膠杯大口喝酒。

老實說，我第一天和採葡萄工人用著塑膠杯喝酒時頗不習慣，印象中喝法國酒既講究氣氛又講究杯子，當時，主人迅速的每個人遞一個杯子、澎湃的斟酒，大夥兒窩在倉庫裏吃著火腿、起司、配著葡萄酒，那種粗獷氣氛，顛覆了我對法國酒莊的印象。不過，幾杯Pinot Noir下肚，我就愛上這種不羈的飲酒氣氛，啃著麵包，有一搭沒一搭聊著今年的氣候、去年的葡萄酒、遠方的孫子、離婚的前妻。午餐結束，大家再拿著花剪，繼續採葡萄。

下午三點，工頭蒐集完葡萄籃後，大喊休息，然後從工作小貨車搬出長條桌椅，在洋溢金光的葡萄園邊擺好桌椅、放好咖啡、甜點、酒瓶，開始下午茶。每個人領著自己的漱口杯，繼續喝著Riesling，有的發呆、有的抽菸、有的跟愛犬玩，也有人討論起今天晚餐是甚麼。

陽光很暖、酒很香，我很慶幸自己能在葡萄樹旁暢飲，大方的Ben從來沒有讓酒少過。那些拿來台灣賣到近千元的紅白酒，在這葡萄園旁的小酒桌上，全部無限暢飲。半個小時後，繼續拿起花剪，繼續剪啊剪啊、爬啊爬啊，直到太陽西沉。

上：中午時分葡萄園會擺起餐桌進行工作野餐，這也是一天中唯一可以好好休息的時刻。

下：葡萄園的工作午餐非常簡單，就是麵包、香腸、濃湯和無限量的酒供應。

天黑後，洗個澡，晚餐時分更是永無止盡的酒席，Ben端出了酒莊所有的酒系，紅酒、白酒、氣泡酒、粉紅酒、Grappa，讓大家快意喝到飽，酒酣耳熱之際，有人熱情的跳舞、有人傻笑、有人靜靜地沉睡，然而，這樣的派對通常不會鬧到太晚，因為第二天一早又要上工，繼續剪啊剪啊、爬啊爬啊。

我的葡萄園農婦生涯只持續三天就因為腰力不濟而夭折，雖然標榜酒精無限暢飲，但是酒精無法活絡筋骨，再加上秋天的亞爾薩斯太美了，作為旅人的我，不想只在葡萄園剪啊剪啊，於是沿著葡萄酒之路（Routes des Vins）走訪了Colmar、Riquewihr、Ribeauvillé、Eguisheim等酒鄉小鎮，德法交界的小鎮一個比一個可愛，但卻激不起酒興，反倒是我從早到晚揮汗如雨、葡萄汁濺滿身的採葡萄小鎮Reichsfeld是最有喝酒氣氛的地方。Ben笑著說：「喝酒本來就是生活的一部分，觀光客式的品酒只是品到了滋味，但很難品到生活。喝酒最暢快的地方總是家裏，你在Reichsfeld採葡萄又住那麼多天，自然會覺得這裏酒的滋味特別過癮。」

帶著一箱酒奔向托斯卡尼

Ben的葡萄園採收工作結束後，我們一行人準備好行囊開向托斯卡尼，行李都上車後，Ben特別又捧了一箱自己酒莊的酒放在車上，他說：「可以在旅途上喝，也可以和托斯卡尼人交流。」我們揮手跟他告別，獨留他一人繼續採收後緊接而來的釀酒工作，Melinda邊開車邊說：「釀酒是一條不歸路，葡萄園主人在忙完秋天的農事後，還要在酷寒的天氣裏剪枝，每天都有新的工作襲來。當酒客還是比較輕鬆愉快。」於是四名酒客加上一名青少女開離法國、途經瑞士、直奔850公里外的托斯卡尼。

多年前的冬天，我曾造訪托斯卡尼，當時是一個不太熟的朋友帶我以一天的時間匆匆從佛羅倫斯沿著SS222曲折的公路開往西恩那（Siena），我們的任務是看三個酒莊、四個莊園旅店，冬日的托斯卡尼一片沉寂，葡萄園和

上：透過採收季，葡萄園莊主和一些
老朋友一年一度重聚、工作、話家
常，以友情釀製有人情味的葡萄酒。

下左：沿著葡萄酒之路可以看盡亞爾
薩斯綿延不盡的葡萄園風景，視野非
常宜人。

下右：採收結束後酒莊主人Ben必須
開始釀酒，不斷調整今年酒品的風
味。

橄欖樹只有枯枝，那一日的趕路再加上暈車讓我對托斯卡尼留下了誤解：這不就是一個很大很大的鄉下，為何有那麼多人為此著迷，它的魅力到底在哪裏？因為採訪而飲下的試酒，後來也因為山路彎曲而全部吐光光，關於托斯卡尼的一切也一起清光光。日後只要有人跟我提起托斯卡尼，我只記得暈車。

再次造訪，也是有暈車的準備，可是秋光太燦爛，車子過了米蘭、波隆那、進入托斯卡尼省後，兩旁的葡萄葉或黃或紅，溫暖通透的讓人忘了路有多窄、多彎，撫慰人心的風景克服了暈車，秋光的色彩與溫度重新update我的托斯卡尼印象，看到秋景，我才知道：我根本沒有來過托斯卡尼！那個冬天，應該是鬼遮眼。經過八個小時的車程、路過了幾個小村莊，終於抵達準備在托斯卡尼暢飲的基地Lecchi。

只停留在一條街暢飲度假

我當然想過要去住酒莊，點開知名酒莊網頁跳出漂亮如同Villa般的房型，很夢幻但價格很驚人，動輒兩三百歐元的房價，讓人很難有悠閒的度假心情，再加上裝飾太華麗，似乎和田園度假的樸實有點差距。網海浮沉，找到了價格實惠的民宿Borgo Lecchi，五人獨棟120歐元。我問義大利朋友知不知道Lecchi這個地方，他搖著頭說聽都沒聽過。這世界上若還有在地人不知道的地方，那就是值得去的地方。抵達Lecchi時，我很確認就是這裏了，因為他就只有一條街，很容易車子一催油門就開過去。

Lecchi是托斯卡尼Chianti酒區的小村子，小得很迷人，一條街只有一家民宿、一間酒吧、一個雜貨店、一家餐廳、一個教堂、一個村民辦公室、和幾家民宅，五分鐘之內就可以把大街走完、看完每一棟房子，至於所有建築物的背景都是大片的葡萄園和橄欖樹。車一停妥，男主人Morgaro和女主人Anna就出來迎接，幫忙安置行李、介紹環境，Morgaro笑著說：「這個村子很小，眼睛看到的就是這樣子，很舒服的地方，你要去周邊的景點都很

Chianti是在托斯卡尼的必嚐酒款。

方便，去西恩納（Siena）只要半小時，到有名的小鎮San Gimignano也只要40分鐘，不過很奇怪，我們的客人最後都賴在看起來沒有什麼的Lecchi。」逛了一下環境，我們立刻決定變成「我們的客人」，把假期都賴在Lecchi，立刻把後車廂的酒搬出來，坐在民宿門口的小圓桌，邀請主人一起來暢飲亞爾薩斯酒。

Morgaro邊喝邊說：「好細緻的法國酒，和Chianti的風味完全不同，怎麼那麼好喝。我們這一區也有很多酒喔，你們也可以到處看看，還可以喝Chianti配我烤的佛羅倫斯大牛排（Bistecca alla fiorentina）。」四個人，坐在Chianti酒區小村子路旁的小桌，喝著從法國搬來的酒、配著核果，行經這條山路的車很少，若有車經過，也會給我們暖暖的微笑，街坊鄰居偶爾會好奇地走過來看一眼，然後笑一笑。

我們四個人其實不算太熟稔，除了Mumu在台北比較常一起約吃飯外，旅居法國的Melinda平時只是靠網路薄弱的聯繫，至於Su更是這一趟才認識的朋友。可是一路從亞爾薩斯採葡萄、喝葡萄酒、到開著車於Lecchi落腳，酒瓶子將不同背景的我們串再一起，在暫別家人、情人、寵物、工作的空檔，在托斯卡尼的葡萄園邊、橄欖樹下，分享著生活的瑣事、人事的無常，酒杯的光影從黃昏時的夕陽倒影漸漸轉成夜裏街燈的昏黃，許多話題不需要前情提要，順著柔軟的紅酒，自由自在的融合成另一種語言風情。Melinda的十一歲女兒艾琳則在旁自在的上網，甚麼托斯卡尼艷陽下，其實對於著迷日本動漫的歐洲女孩來說，還很遙遠。

旅行前其實查了很多在這個區域的餐廳，但一到民宿看見Morgaro有那麼專業的廚房、再加上房間裏過往房客在留言本狂讚他廚藝精湛，於是便跟他訂晚餐。第一晚他做的是托斯卡尼特有的義大利麵條Pici佐波隆那肉醬，麵條煮得彈牙、醬汁調的恰到好處，再加上用餐情境舒適又沒酒後開車的壓力，於是豪氣的跟他說：「接下來幾晚的晚餐就麻煩你了，我們全部都要在這吃。」

上：深秋的托斯卡尼葡萄園一片金黃，視野遼闊得讓人心情大好。

下左：Morgaro用壁爐烤佛羅倫斯大牛排，非常誘人

下右：Morgaro和Anna很喜歡待在廚房裡烹煮著家常美味給旅人品味。

第二晚他端出此地最盛名的菜餚佛羅倫斯大牛排，每一塊丁骨牛排都比人的臉還大，Morgaro帥氣的在客廳的壁爐用著柴火烤牛排。他的火候掌握的恰到好處，大塊的牛排保藏肥美的肉汁，一刀劃開又不會流出血水，讓人大口嗑肉嗑的非常過癮。大口吃肉，當然要大口喝酒，配著此地產的Chianti，佐以豪邁的牛肉，再一次又一次的酒杯chin chin中，從舌頭到喉頭到胃無比滿足。窩居在民宿裏的酒食饗宴比上餐廳更加自由自在，而杯中的Chianti比在佛羅倫斯星級餐廳裏更為奔放。

酒酣耳熱，Anna和Morgaro收拾著餐具、用ipad秀出孩子和寵物的照片，順著酒精的流向，講著如何辭掉工作來到這裏租下兩百多年老房子開民宿的故事，Morgano說：「當我們一到Lecchi、看到這個房子就知道就是這裏了，很小的鎮、每個人都認識彼此、生活所需的一切都在走路可到的地方，旅人完全可以感受托斯卡尼的情調。」對他們來說，所謂托斯卡尼式的度假是很鄉村、很家常的。

我說：「為什麼我上回冬天來托斯卡尼，一點感覺都沒有，完全不覺得這裏吸引人。」
Anna笑著說：「托斯卡尼是會放寒假的，冬日的托斯卡尼蕭條的讓我們懶得出門，民宿也趁機休業。冬天的模樣和其他季節是截然不同的。」

當旅程有一個飲酒吃飯的基地，旅行的路線就大抵在這個基地打轉，托斯卡尼的時光，只匆匆去了西恩納兩個小時、周邊小鎮一下下。遇見漂亮的葡萄園，則下來走走、拍照、發呆，賞著眼前仍相當中世紀的牧歌田園風景。這一路沒有人說一定要去哪裏、看什麼、吃甚麼，但每接近黃昏時，大家都有共識立刻開車返回民宿，把出去溜達經過民宅小酒莊買的酒立刻打開，配著Salami和起司，就著西斜的太陽，享受托斯卡尼的慵懶時光。這樣的旅程既沒有酒駕的風險，也沒有要蒐集景點的壓力，只有全心全意地沉浸在在托斯卡尼風景裏。

上：Borgo Lecchi民宿環境舒適優
雅，給旅人在托斯卡尼有個溫馨的
家。

下左：Lecchi是只有一條街的安靜小
鎮，一旦入住度假就如同村民。

下右：義大利的野豬肉相當美味，這
家肉鋪就用野豬頭當作店招。

入夜後，我們又到外頭的小圓桌坐著，喝著氣泡酒，夜很靜，尤其在這個只有一條街的小鎮裏，酒吧、雜貨店、教堂不到九點就關門了，我們靜靜地坐著，沉醉於口中的氣泡與涼涼秋夜交會的田園時光。

旅程終了，後車廂的法國酒當然早已喝完，但車廂並沒有變空，因為我們又運了幾箱托斯卡尼的紅酒和橄欖油，要與在亞爾薩斯的釀酒師們分享。又要再開850公里的路程，深秋的托斯卡尼到亞爾薩斯公路，葡萄一一收成，是釀酒的氣味，儘管告別了鄉野，駛上了義大利坑坑疤疤的高速公路，酒香一路相隨，已內化在我們的呼吸裏。沒有愛情腳本的《托斯卡尼豔陽下》依舊醉人，加上亞爾薩斯的酒食風味，是最過癮的秋日飲酒賞秋路線。

酒莊 Info

亞爾薩斯

到葡萄莊園度假是許多葡萄酒愛好者的夢想，不過礙於語言隔閡和交通的不便讓不少人怯步，尤其法國亞爾薩斯的農莊英語並不普遍，且多數的酒莊位在大眾交通工具不便抵達的地點。瑪琳達表示，亞爾薩斯的葡萄酒酒莊體驗宜開車旅行，才能造訪風格不同的酒區與小鎮。目前Domaine Bohn酒莊有提供三至四天的套裝遊程，可安排酒莊民宿、葡萄農事體驗、葡萄酒之路村鎮參觀，還有中文解說服務，關於交通接駁食宿與行程細節可email：melinda1029@gmail.com，劉小姐。

Domaine Bohn酒莊／1 et 6, Chemin du Leh 67140 Reichsfeld.／www.bohn.fr／+33-03-88-85-58-78

托斯卡尼

Bed & Breakfast Borgolecchi民宿／www.borgolecchi.it/en/／兩人房90歐元（約3600元）、四人房120歐元（約4800元）／Via San Martino,50 - 53013 Lecchi in Chianti - Gaiole（Siena）／+39-0577-169-808-7／info@borgolecchi.it

在托斯卡尼酒鄉喝酒不只是品酒，也
是品時光與在地的人情味。

4

不省人事

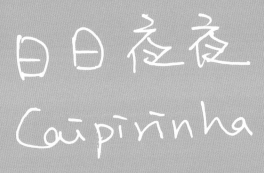

日日夜夜
Caipirinha

里約的日子，就是呼吸著Caipirinha的酒氣，喉頭總在檸檬的酸氣裏醒
來、眼神總在檸檬的香氣裏失焦，連汗都有淡淡的檸檬香，香甜的讓人
覺得清醒是個罪過。

飛了三十個小時、也在飛機上喝了三十個小時，不知是宿醉還是時差，暈眩的跳上計程車，在山坡海邊晃了一大圈，終於在Lagoa Guesthouse門口停駐，會選擇這間在湖邊的旅店原因無他，因為Hostel World的評鑑是「非常安全」。自從決定去里約後，安不安全成了隨身貼，做任何計畫、任何決定都會閃過：安不安全？

旅店的旁邊是一間小教堂，推開門，櫃台後的女孩笑得燦爛。她看我大包小包的進來，開口說：「Caipirinha！」我聽得一頭霧水。她又笑著說：「Español？」我搖搖頭。她請我到櫃台後面、點開google翻譯的視窗，用葡萄牙文飛快地打著，另一個小方塊則顯示出中文：老闆去銀行辦事，等一下回來。你要不要喝Caipirinha？

我點點頭。她在櫃檯旁的小吧台擠著檸檬、豪氣的倒著酒標寫著51的甘蔗酒、倒進碎冰、撒著大量著砂糖，笑得很甜的把飲料遞給我。櫃台後方的時鐘寫著九點、陽光灑進小小的客廳、捧著冰涼的Caipirinha，看著佈告欄上大大小小的周邊行程與安全提醒，迷惘的不知道要怎麼安全的在里約旅行。客廳的角落擺放著早餐的麵包、水果、牛奶，喝著甘蔗酒味極重的調酒望著早餐，有點時空錯亂。

可能是飛行的太疲憊、也可能是酒精太強，我在沙發上睡著了。再張開眼，一臉絡腮鬍、穿著T恤、踩著夾腳拖的男人在我眼前拿著遙控器看著球賽。他瞥見我醒來，熱情地說：你就是台灣來的Lily吧，你的房間快好了，要不要喝杯Caipirinha！我直覺的點點頭。

他豪氣的倒著51、用厚實的手掌捏壓檸檬，說著：我們這一區很安全，你可以放心的步行散步。去Lapa老城區可以搭公車，里約的公車是24小時，Lapa晚上很好玩，不過你晚上出門要小心。從這裏也可以散步去Copacabana、Ipanema沙灘，沙灘要白天去，天黑了就不要到沙灘上，很容易被搶。錢跟貴重物品最好放在房間，身上只要帶10美金，其他都刷卡，

上：里約人很容易酒魂上身反射性地
拿著CACHACA 51調Caipirinha。

下左：Caipirinha是里約人生活必備
的飲品，很常會見到這一杯。

下左：里約貧民窟很多有趣的塗鴉，
強烈感受此地的生活節奏。

這樣被搶也比較不心痛。

他用鐵鎚敲著冰塊繼續說：「不要說遊客怕搶，我們也會怕，上周我去銀行提錢還有人在我身後用槍頂著我，我只好給他幾張鈔票。不過里約超好玩，你會愛上這裏的，這裏不像聖保羅和紐約那麼無聊。對了，每天下午我們都有Caipirinha的Happy Hour，免費暢飲，還可以教你調。」

他遞給我Caipirinha、也拿起他手上的那一杯，熱情地跟我乾杯。從我踏進這家旅館，Caipirinha就是我唯一的飲料，從清晨喝到日正當中，如果我不鼓起勇氣走出旅館大門、探索里約，我應該可以把整壺的Caipirinha喝完。

推開大門，落腮鬍男嚷嚷著：「晚上再回來喝喔，我們晚上十點有貧民窟森巴學校的行程，你要不要一起來啊！很好玩啊！」我笑笑地說回來再想想，心裏則OS：入夜不是很危險嗎？去貧民窟豈不是置身險境？而且，怎麼有學校開半夜的⋯⋯

行屍走肉的伊帕內瑪女孩

會來里約，無非是伊帕內瑪女孩孩的招喚。Boss Nova的名曲〈The Girl From Ipanema〉讓人有無限的遐想，頂著中午的豔陽、帶著醉意與時差的倦意哼著：

Tall and tan and young and lovely／The girl from Ipanema goes walking／And when she passes／Each one she passes goes-ah...

朝著那片夢幻沙灘前進。然而從Copacabana走到Ipanema，整片超過五公里的沙灘，我沒看到什麼女孩在搖擺，而是全部躺成一片、上千人像約好一樣，穿著比基尼（穿連身泳衣的遊客不到五個）、戴著深色太陽眼鏡，酒瓶與鋁罐散落在海灘椅旁。

在里約的海灘就可以感受到陽光、沙
灘、足球、美女結合成的超強魅力。

我入境隨俗的在旁邊的小商店買了一手啤酒，里約的消費高，但在海灘上租張椅子卻超便宜，一整天只要台幣六十元。帶著超市買來的零食、一手啤酒、一本書，悠閒的看人與被看，慾望在碧海藍天間跟著碎浪流動，躺在沙灘上的男男女女，可以因為一個眼神而越躺越近，在陣陣潮騷間鼓動森巴的靈魂。當然，也可以靜靜的看著大海，但莫名彈跳出來的足球還是會轉移旅人的注意力，除了養眼的比基尼女孩，一場又一場的沙灘足球也很有看頭，身材超好的海灘男孩以踢足球的方式打排球，非常吸晴。長長的海灘是慾望和身材的展示舞台，就算沒有身材也會在這樣奔放的地方激發屬於自己的性感。啤酒就在心不在焉的翻書與瞄人間一瓶又一瓶的下肚，

伊帕內瑪女孩們躺著，偶爾翻個身，沙灘上並沒有Bossa Nova的音樂，但陣陣的浪花和她們懶洋洋的身體騷動出奇妙的韻律。有的伊帕內瑪女孩來自旁邊的高級住宅區Leblon，但更多的女孩來自鄰近的貧民窟，而陽光、沙灘、海洋是沒有階級的。躺在我太陽傘旁的沙灘阿伯問我為何來里約，我說：「因為伊帕內瑪女孩。」他喝著啤酒幽幽的說：「太陽下山後，伊帕內瑪女孩們紛紛變身。有錢的夜擲千金的揮霍；沒錢的不是在餐廳裏端盤子，要不就是釣凱子觀光客。那首歌裏的女孩看似很輕盈，但是幾年前，賣身與販毒卻是伊帕內瑪女孩最好的出路。」

一天從晚上十點才開始

里約充滿了對比，在最美的沙灘旁有最不堪的貧民窟，只有足球和酒精能穿越界線。好奇心驅使加上時差錯亂和三個愛爾蘭人參加絡腮鬍男子的貧民窟森巴學校行程。（費用每人台幣1200元！巴西樣樣貴，貧民窟森巴旅遊團就當作是花錢買保險）車子開不到十五分鐘就到了貧民窟，司機在一家破破的酒吧停下，嚷著：進去喝！然後司機就消失了。鐵皮屋的酒吧佈滿霓虹燈、牆上貼著豐乳肥臀但又落漆的海報、桌上鋪著被菸蒂燒了很多洞的塑膠桌布。

上：里約的沙灘奔放得不可思議，在
這裡可以邊看人邊喝酒一整天。

下左：足球無所不在，在沙灘也可以
看到以打排球的方式踢足球。

下右：在里約很容易一個手肘的距離
就會發現酒精性飲料。

酒保一看到我們四個人進去，立刻大喊：Caipirinha？我們笑著點頭。對於為何會被「丟」在這間酒吧我們完全不知道原因，鄰座男人古龍水味道濃烈，女人則妝濃得有如要去唱戲，他們好奇地打量著我們，是善意的。不知是不是故作鎮定，我們很快地把Caipirinha喝完，以為喝完司機就會出現。結果，他並沒有出現。老闆熱心的說他還有特別口味的Caipirinha可以讓我們嘗嘗，於是在原本的基酒上加入香甜的鳳梨汁，鳳梨的香氣讓杯中的飲料更柔和，我們喝得更快了。車還是沒來，桌上空酒杯越來越多、落漆的酒吧擠進越來越多人，有些人想認識我們這幾個奇怪的面孔，又端了Caipirinha過來交朋友，耳邊的葡萄牙文聲調越來越柔軟。同行愛爾蘭人Linda說：「有一個朋友特別來巴西學葡萄牙文就是因為巴西人的葡文講起來好性感，跟葡萄牙人不一樣。」那性感的腔調應該是酒精釀出來的吧！

酒保後方的時鐘指著十二點，司機出現了。我們有點生氣他怎麼那麼晚來、學校說不定都要關門了。他嘻皮笑臉的說：「我們的夜晚是從晚上十點才開始，森巴學校現在才要練習，把你們送來酒吧是來暖身，等一下才跟得上腳步。」

走進「學校」才發現像極了台灣的社區活動中心，老老少少穿著T恤花褲子在這裏聚集，有如要開里民大會。只是這里民大會的時間未免太詭異，半夜12點，活動中心裏人聲鼎沸。

「老太太們都不用睡覺嗎？」我問。賣我Caipirinha的調酒攤說：「里約嘉年華前的半年，每個社區森巴學校都會開始練習、準備，大家都是趁著周末夜晚來排舞，老太太們才認真呢！」只見台上樂團的森巴音樂一響，原本散漫的老老少少像舞棍附體般，各個扭腰擺臀起來，儘管衣服看起來很像台灣舊衣回收箱出品的衣物，但眼神、姿態散發出迷人的神采讓原本只想旁觀的我，也被他們的熱力吸引轉進律動的節奏中。老婆婆拉著我轉圈，接著是阿伯接手，繼續拉著我扭動、轉圈，然後是一個戴著巴拿馬帽白衣白褲的男人帶著我跳著滑步，本來的「旁觀者」個個整場飛舞。

上：位處於貧民窟家常小酒吧的
Caipirinha，酒保很有氣勢。

下左：森巴學校沒什麼裝潢與佈置，
但認真跳舞的人就讓人非常心動。

下右：貧民窟的森巴學校邊喝邊跳到
天明。

音樂一停，大家彷彿被打回原形，紛紛走到角落的酒攤，繼續喝、繼續聊。音樂響起，又紛紛跳進大陣仗的群舞中，就這樣一直喝一直跳，跳到全身都濕了，不曉得是汗還是酒，不曉得舞步是怎麼進行的，只記得從一個人的手到另一個人的手，一會兒趴在紅衣服的背上，一會兒又在藍衣服的肩頭。

帶我們來的司機，當然是消失了很久很久，當我眼睛看出去的世界已經迷濛成了調色盤，他出現了。跳上車，愛爾蘭女大叫：「去Ipanema！」所有的人一愣，理智的男生說：「太晚且我們喝太多了，回旅館睡覺吧！而且絡腮鬍不是告誡我們不要晚上去沙灘。」很醉的女孩瞇著眼、飄著酒氣說：「哪有晚，天應該快亮了。」看著錶、清晨五點，天真的快亮了，看來是可以去沙灘晨跑了。

里約的日子，就是呼吸著Caipirinha的酒氣，麵包山、基督山、Maracana足球場、整個灣澳都浸泡在Caipirinha裏，喉頭總在檸檬的酸氣裏醒來、眼神總在檸檬的香氣裏失焦，連汗都有淡淡的檸檬香，香甜的讓人覺得清醒是個罪過。

後記

在巴西喝到Caipirinha主要都是51甘蔗酒（CACHACA 51）調製，在台灣不是那麼好買到這款廉價酒（巴西一瓶約台幣300元，在台灣買的價格是此兩倍），所以我曾用蘭姆酒Bacardi取代，不過調出來的味道就是少了一種狂野的狠勁，Bacardi太精緻了。想起某個里約酒保曾說：「越爛的甘蔗酒調出的Caipirinha越好喝！」原來要重現醒來時刮喉的味道也是要某種程度的劣質酒才行。

里約Lapa區的夜晚天天都熱鬧，不單只有周末，也是跳舞喝酒聽音樂的好去處。

Recipe

Caipirinha調酒

Cachaça甘蔗酒2盎司（買不到就用無色的蘭姆酒，如Bacardi代替）
檸檬半顆切小塊
糖2小匙
冰塊數枚

· 將檸檬和糖用木棒邊攪拌邊搗均勻，加入酒繼續攪拌，再倒入冰塊，拌勻即可。也可以把所有的材料放到雪克杯裏搖一搖。巴西人調Caipirinha很隨性的。

"飛"亭興奮，

35000英尺高的酒攤

長途飛行最需要的就是酒吧和SPA，但如此夢幻的組合卻非常罕見。若是機上有厲害的酒吧，我甘心一直在空中，不要降落。

2010年我忍痛回絕了350年來最精采的智利復活島日全蝕的邀約，據說錯過這一次就要再等數百年，我不知道自己數百年後還是不是人？（說不定是復活島人，就不用飛去看了）也不知道這輩子有沒有機會看到日全蝕，總之就跟天文的奇幻景觀失之交臂（當我變老了可能會後悔）。

捨棄日全蝕後，得到的是世界第一名航空公司阿聯酋航空（Emirates Airlines）一張飛往巴西的商務艙來回機票，我的初衷不過是飛到里約熱內盧的伊帕內瑪沙灘喝啤酒看著大海，商務艙對我而言無非是一張可以平躺的位置，本打算一路躺著睡去南美洲，但一進機艙看到迎面而來的酒吧，我就知道這一趟千萬不能浪費在睡覺上啊！

自從航空公司開始變得小器且嚴格控管預算後，在飛機上喝酒越來越不痛快，有的航空公司不提供紅白酒之外的酒精飲料，有的則是只要是酒精性飲料都要另外收費。而給酒的航空公司又常給的不甘不願，按服務鈴等空姐來斟酒，常常要等好久，若再跟他多要一包配酒的核果，還常會遭白眼。總之長途飛行要靠酒精把自己弄昏還不如直接嗑安眠藥來的實在。

不過，在飛機上喝酒往往不是為了要把自己弄昏。我一直覺得機艙是超完美的飲酒環境，倚著窗戶靜靜的看著外頭像浪花般的雲朵，雖然飛翔在天際，但卻有在海邊看海的情境，感受著天光的變化、經驗著飛過一個又一個的時區，飛機的聲響就像空曠之地的情境音，若聽不舒服也只要拿起耳機，按著隨選影音服務裏的Jason Marz的音樂，天空立刻變成海洋，雲朵成了碎浪。只可惜現在的空姐多數沒有調酒技能，以前在飛機上隨便跟空姐說個雞尾酒名字，她們都變得出來，儘管酒味淡但至少還有模樣，現在總是給個187ml的紅白酒就了事。點酒像是去量販店買了就走，而非是移動小酒吧的樂趣。

當然，跨過一個簾子，走進商務艙，酒精濃烈許多、空服的服務也跟著濃情。以往的商務艙經驗無非是有求必應，面對阿聯酋航空一進座艙就是一

上：阿聯酋航空商務艙的酒吧讓人在高空中也能酒興昂然。

下左：空中小酒吧有如私人包廂，供旅人隨意地吃喝。

下右：阿聯酋航空的酒水服務非常多元且貼心。

個酒吧和沙發區相迎，我顯得激動。站在半圓形酒吧裏頭的泰籍空服Meng笑得燦爛，他說：「想喝甚麼嗎、想吃什麼盡量點，我就是站在這個吧台裏負責為各位調酒。」剛從廉價航空Jet Star轉任到阿聯酋的他雖然對調酒不熟悉、總是要瞄著酒譜製作，但迷人的笑容和進退得宜的態度依然能滿足每個人所需要的酒精濃度。我從Gin Tonic開始點起，配著吧台上精緻的Cheese三明治。倚著吧台，和他聊起我所想念的曼谷，他立刻拿了一張紙畫起他的曼谷私房地圖，列出他喜歡的酒吧、餐廳，他說：「只要飛機一落地曼谷，我總要把這些酒吧走一圈才算真正的回家，尤其夜市那幾攤泰國威士忌加可樂是世界其他地方喝不到的風味，很粗但卻很爽。」他興奮又激動的表情險些褪下第一名航空公司空服員應有的矜持。

我說：「你現在就在酒池中間，在空中就可以開懷暢飲了！」
他笑著說：「我們執勤的時候是不能喝酒的。」

吧台的兩側是弧線型的沙發，座艙的背景是粉紅色的燈光配置，上頭還有杜拜知名的棕櫚島圖形，粉紅加上紫光的裝飾下，有如置身在遊艇的私人包廂。沙發上斜倚著一個英國人，他一手拿著威士忌、一手玩著i-pad，或許是常客，空姐和他非常熟稔，索性就坐在他身旁跟他聊了起來。聊著聊著，空姐竟然還掏出了拍立得幫他照相，後來還起鬨的要我一起入鏡，我只好拿著我的「螺絲起子」走進這陌生的構圖中。

拍立得拉出的照片看起來很像置身在dress code是空服人員的酒吧裡，一時還猜不出是在飛機上。

嚷著要一杯環遊世界

我繼續站在吧台，喝著曼哈頓、配著來自杜拜的椰棗和核果。由於商務艙多是去杜拜做生意的商務客，他們吃完餐點便躺平睡去，只有我這個無所事事的遊客仍挨在酒吧旁，整個lounge區成了私人空間。看著窗外日出的霞

上圖：在小小的空中酒吧裡也是能有
Party的氣氛，讓人忘記長程飛行的
辛苦。

下左：飛往巴西的商務艙供餐時除了
鋪餐巾還撒花瓣，這種布置有點匪夷
所思。

下右：阿聯酋的餐食小點做得非常精
緻。

光，喝著Tequila Sunrise，不想去明白此刻的地點與座標，不知身在何處、喪失了時間感，只知道藍天是藍天、雲朵是雲朵、太陽是太陽，一切純粹的沒有多餘的意義。在空中可以離太陽好近好近，太陽炙熱的燒著臉、溫熱著手中的Tequila，飛機是在移動著，但搞不清楚是向前向後還是奔向太陽的核心，眼前的風景是爆炸般的亮度，讓人睜不開眼。

再次睜開眼，在我自己的座位上，機艙一片昏暗，只有粉紅的霓虹燈微微亮著。之前在發亮吧台旁的A to Z點酒法似乎是很久很久以前的事情了，彷彿是一場夢，我甚至懷疑起這飛機真的有的吧台嗎？空姐推著悅耳的酒水車滑過，我問：「有德國的鹿牌藥酒Jägermeister嗎？」她笑著笑倒給我一杯，有如我們第一次見面。喝著據說可以整腸補氣對健康有益的Jägermeister，胡亂地轉著影音頻道，很想知道被拉下來的遮陽板後頭是黑夜還是白天，企圖確認已經模糊錯亂的時間感。

腦海跟著機艙一起真空，Meng走到我的座位旁，遞給我一張拍立得，他說：「你放在酒吧旁的沙發上忘記帶走。」
接著端出一杯藍的鮮豔的特調放在我的小桌板上，他笑著繼續說：「你看著日出突然嚷著要一杯環遊世界，想要問你想要怎麼樣的口感時，你只喊著要深藍色，然後就睡著了。」

機長廣播著即將要下降，喝著環遊世界，有些惆悵，高空上的酒攤也是有歇業一刻，隨著陸地城市形象越來越清楚，越不想離開這架飛機，不想離開酒來伸手、無限暢飲的魔幻奇航。前座的客人不安地問著空姐：「屬於伊斯蘭教的杜拜買得到酒嗎？」空姐笑得很甜的回答：「在杜拜沒有買不到的東西。」

後記

在飛機上品酒其實是很舒服的時光，若嫌經濟艙的酒不上口，而花商務艙

在機場等飛機時即是空中酒吧準備開
始的時候，可以在機場的酒吧開始暖
身了。

的錢只是為了喝酒又太蠢，最好的方法就是自備酒精上飛機。由於現在安檢規定不能帶液體上機，所以一定要過了安檢門後才能去免稅店買酒。買酒的時候以扭轉開的瓶口為宜，若是買軟木塞的紅白酒上飛機還要跟空服員借開瓶器，很有可能會遭白眼，甚至被拒絕。若買烈酒，到飛機上只要點雪碧或可樂就可以自己DIY特調，紅白酒則可配著飛機上的餅乾、花生，也饒富樂趣。當然，最好自己自備一個酒杯，會喝得更愉快。

除了買酒，在機場也可以張羅飛機上的野餐。像在阿姆斯特丹史特浦機場就是買酒食的好去處，機場裏不但有多款187ml的紅酒、白酒、氣泡酒可以選擇，讓人不會有買一大瓶萬一很難喝的困擾。下酒小點諸如火腿、臘腸、cheese，甚至有雞尾酒盤包裝，方便打開品味，非常貼心。

上：Jägermeister是德國的草藥酒，因為商標是鹿頭，在丹麥機場真的擺隻鹿。

下：自備一個酒杯就可以在阿姆斯特丹史基浦機場的免稅商店裡張羅這些下酒小食，愉快地等飛機。

酒途

和

酒途 之間

黃昏之後，上床之前，打開牆面上的黃氣球，燈亮了、酒吧開張，一天
切換到下半場，玻璃杯倒入Bacardi、擠進檸檬汁、丟進幾片陽台上的
薄荷葉、灑點糖，用哈瓦那來的木棒搗啊搗，再倒進越南商店賣的泰國
蘇打水。蘇打水的泡泡一個接一個的往上衝、薄荷葉在杯子裏搖擺著
Salsa，有如招魂，我回到了哈瓦那、踏上了酒途。

尋常的日子＠黃氣球酒吧

日常的下半場，關掉電腦、切斷網路、把自己喜歡的CD推進唱盤裏，開始另一趟旅程。

有時候是友人從台東知本採的梅子釀成的梅酒，加入氣泡水後，暢快的配著印度咖哩雞品味；有時候買瓶葡萄牙的紅酒，搭配著用白酒烹煮的葡式文蛤豬肉，回憶著葡萄牙的暢飲時光；有時候是開瓶亞爾薩斯酒莊主人的白酒，配著從挪威飛回來的煙燻鮭魚；有時候是樓下美廉社的特價紅酒，佐著小學對面的烤鴨兩吃……

有酒、有食物、有音樂、有朋友的地方就是小酒館，日子也跟著快活起來。

宅配來的掛爐豬肋排、柏林來的臘腸、日本來的乳酪、台南來的芒果乾、雲林來的鹹豬肉、台東來的洛神花蜜餞，按著時節與友人們的來來去去不時出現在餐桌上，白酒、紅酒、Grappa、威士忌以及不知名的酒，像接力賽一樣，依序的從酒桌冒出。杯光交錯間異想天開的話語、夢想、靈光流竄在菜餚與酒瓶子之間。

這是尋常的一日，但可以即興地過得很不尋常，在酒途與酒途之間，喝著從不同酒途匯集來的滋味，以酒精轉換著時間和空間，旅程繼續發酵。

到不了的地方，就用酒精吧！

不知從何時開始，出國旅行不怎麼關注於買紀念品，但卻開始注意每個國家在喝甚麼酒？路邊攤的暢飲酒款為何？酒吧的指定調酒為何？會細細的研究酒單，像讀詩一樣想像著不同風味的詞語最後會撞擊出甚麼味道。

黃氣球酒吧的掌櫃。熊寶貝（左）和
黃多多（右）。

習慣於流連大大小小的超市，站在琳瑯滿目的酒瓶子前，睜大眼睛研究在地的酒品。有時候看得太出神，超市的工作人員還會前來解惑。有一回站在哥倫比亞波哥大的超市內，望著一排排高到天花板的五顏六色酒品、觀察著上頭寫著陌生的西班牙文，那貼著各式酒標的飲品就像一個又一個的密碼，既誘人卻又不知道裏頭藏著是甚麼樣的風味。我在貨架前杵了很久，也沒打算要買什麼，但熱心的工作人員像發現了一個迷失的同好般，興奮的用西班牙文從最底層一一解釋各式各樣的茴香酒、甘蔗酒、白蘭地、威士忌，絕大部分句子我都聽不懂，但他用全身的語氣與動作賣力的為貨架上的酒品從下到上從左到右解碼，身著漿得很挺的襯衫、流露著陶醉的表情，試圖與來自遠方的我分享著屬於哥倫比亞的滋味。

我最後問他：「那你平常最喜歡喝的是哪一種？」他拿下了綠標的「Nectar」茴香燒酒，用表情加著動作說明著睡前喝，或是加冰塊喝皆相宜。

為了延續旅途，我養成習慣會帶那個地方最有代表性的酒回家，在黃氣球的燈光下，品嘗遠方的味道。攜回的酒往往不是最高級的，而是當地最普羅、一路上最常喝的酒款。比方用3塊錢美金買古巴的一瓶蘭姆酒，花8美金買巴西調Caipirinha的甘蔗酒CACHACA 51、或是在阿根廷南方的巴塔哥尼亞地區買瓶寫著世界盡頭Del Fin Mundo的酒。

友人曾質疑我託運如此廉價又容易破的物品有點不划算，但對我來說，這些當地的習以為常，回到台灣都成了稀世珍品，成了可以和親友直接分享當地風情最直接的媒介。

到不了的地方，就用酒精吧！所以轉開Becherovka的瓶蓋，可以循著香草的氣味把捷克溫泉小鎮的暢飲時光在餐桌重現；品著Brennivin聊著在冰島雷克雅維克夏日亮白的時光，話題就像不會下山的太陽在醺然間迎接另一個太陽；沉醉在Laphroaig的泥煤味裏，去艾雷島就像去綠島一樣近。

我並不懂酒，然而我一直在酒途上。我搞不清楚波爾多左岸與右岸風土的差別、看到隆河的酒標隱約的會想起核電廠、五大酒莊的名字因為虛榮所以硬記、至於勃艮地的風味我無法像神之雫，滴酒入喉立刻看到瑰麗的畫面、聽到震撼的交響樂……

酒對我來說是旅途風景的一環，我的酒途不在醒酒器裏，酒杯上的酒淚再怎麼美都比不過酒途上喜怒哀樂愛恨交織所流下的淚。喝酒不在於喝它的名氣與價值，而是隨興所至、為旅途和生活增添煙花。

在金門月亮高懸的閩式院子裏怎能不飲著紅標金門高粱、在面對太平洋的台東私房景點怎能不轉開軟木塞讓體液跟著海浪一起騷動、在尋常日子的午後拐入台北街頭的巷弄和好友喝著下午酒絕對是比喝下午茶還愜意，舉杯同歡不是為了買醉，而是對美好人生的致敬。

各式酒款勾勒出尋常生活的光譜，酒從來不是孤立的存在，不是一個名字、不是被打分數的商品、更不是乾杯逞豪氣的談判武器。它是人生風景的一部分。

在酒途與酒途之間，時而清醒、時而迷茫，清醒的面對銳利的現實人生、周旋在分秒必爭的檯面上時間表。然後轉身，迷茫的把日子柔焦、慢轉、停格在喜歡的段落。日子可以是一場又一場的競走，也可以偶爾有一段小小的慢遊，切換呼吸的速度、轉換窺看人間的濾片、關一扇窗開一扇門躍入另一趟旅程。

酒途與酒途之間，我遇見了其他的酒徒、展開更多酒途，甚至寫了一本版權頁上全是酒友的書。這是一條長長久久的路，時而獨酌、時而舉杯共飲，我們一直在酒途上。

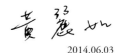

2014.06.03

醺峯：藝術家秦政德（小草藝術學院
負責人）用黃氣球酒吧喝過的軟木塞
立碑創作的「醺峯」。

not only passion

not only passion